古人的餐桌·第三席

曲终人不散

芮新林 著

上海文化出版社

自　序

天下没有不散的席！《古人的餐桌·第三席》即将出版，"盛筵"将启，我将离席。

2015年始读历代笔记，边读边校边写，至今已呈"盛筵"三席——2019年第一席、2021年第二席、2023年第三席。这三席"盛筵"，时间上跨度九年，空间上纵贯千年。

九年来，沉湎历代大家的文字，"明月之诗""窈窕之章"皆使予"忘却营营"，一步一步，从无所知走向所无知，感谢古人！把我引入"春色三分，两分尘土，一分流水"的境界！

九年的横跨，千年的纵越，化作这三席盛筵。

席上的食客均为历代大家，除了本人。予自说自话，肆筵设席，"群贤毕至，少长咸集"。五谷六畜，飞禽走兽，游鲨潜鲸，鼍鳖俱备。席上的大家，在吃喝中吃，在吃喝中诗，在吃喝中词，在吃喝中歌，在吃喝中赋。

曹植《名都篇》"寒鳖炙熊蹯"，是吃；段成式《飞鱼》"飞即凌云空，息即归潭底"，是诗；南宋《水调歌头》"鲙新鲈，斟碧酒，起悲歌。……双泪堕清波"，是词，亦是歌；袁宏道描绘莼"其味香粹滑柔，略如鱼髓蟹脂，而清轻远胜"，是浓墨，更是诗赋！

历代美食，离不开繁荣生息之土；历代食家，离不开修身滋养之地。中国文化，以文字论，卷帙浩繁。历代笔记里的饮食文字，占比极小。然由小见大，于古人的吃喝中，可一品中国文化之精深博大！

中华美食的历史很远，远到三代以上。历代食家的名字很长，长自中华始祖以降：神农、伊尹、周公、孔子、孟子、屈原、枚乘、郑玄、曹植、嵇含、郭璞、萧纲、段成式、陶穀、苏轼、沈括、洪迈、范成大、陆游、陶宗仪、屠本畯、谢肇淛、张岱、李渔、屈大均、袁枚、梁章钜、郭柏苍，名单太长，不可枚举！

《古人的餐桌》（第一席）的写作，适逢予忧郁症发作前一年。那种不可名状末日离世之感，无时无刻不恐袭我心。出于本能的自卫和抵抗，予仅用一个半月写完整本书，计五十七篇近十万字。

这种超乎常态的写作，是内心郁结的释放！

太史公曰："夫《诗》《书》隐约者，欲遂其志之思也。昔……；《诗》三百篇，大抵贤圣发愤之所为作也。此人皆意有所郁结，不得通其道也。故述往事，思来者。"司马迁曰的是古人发愤之大作。

予之书，小文也。然"意有所郁结""故述往事"，确如也。一年后，予郁结成疾，进了600号（上海市精卫中心，并参见本书《不撤姜食》[注1]）。每一天的每一时每一刻，脚踩棉花，神行飘忽。生死未卜！

吃药到第六天的早上，文拉法辛加量至 150 毫克。一个小时后，双脚实踏地板，感谢上苍！叫了辆车直奔上海展览中心——2019 年书展最后一天，在上海文化出版社展区，被告知《古人的餐桌》（第一席）的展书已卖完。

二年后，《古人的餐桌》（第一席）几近售罄（感谢黄慧鸣师为本书起了这么好的名字！），《古人的餐桌·第二席》粉墨登场。这二年（2020、2021）里，全人类被新冠限制了自由。自由是什么？600 号所有病房的窗户，都加装了铁栅栏。

人皆向往自由和美食！本书《鲨鱼凶猛》的结尾，鲨鱼被割掉双翅，失去了翱翔的自由。鲨鱼处于食物链顶端，失去它们，人类将失去呼吸的自由。一株新冠病毒，一条史前巨鲨，皆会使人类面临自由的失去。

或曰：矫情，写食文扯什么自由！

"把吴钩看了，栏干拍遍，无人会、登临意"。

——"知我者，二三子"。

2023 年 3 月 12 日

目 录

第一辑　蔬谷面饭

云梦之芹

深秋，美在银杏，纷飞飘落，天朗气清，和风送吹，一洒金黄满地。枫叶更美，间黄间红，摇曳枝头，灿烂其色，一映湛蓝天空。

深秋，美在时物，银鲳带柳，粼粼闪亮，白虾跳跃，闸蟹横行，一季味美天赐。乍暖还寒时候，最难将息，心里底馋。其时最美之物，于我而言，是深秋的水芹，殊香别味，"一箸入口，三秋不忘"！

上海的天气如今奇怪，秋天极短，短到几乎一夜间。今天是 11 月第三个周日，天气预报明日断崖式降温。予冠心病，冷不起，一早超市囤蔬。这边萝卜青菜，那边芋艿白菜，再过去，草头芹菜皆有。

芹菜琳琅满目，居然全体集合：水芹、黄心芹、青芹、小香芹、毛芹。近来蔬菜价格奇高 [注1]，上周超市还仅有毛芹（6 元/斤），一下涌出这许多芹菜（水芹 15 元/斤），不太适应。

芹菜我喜欢，各买一把，青芹脆爽，黄心芹肥嫩，小香芹微苦。今年出现一种更短的小香芹，约 30 厘米，叶占其长一半，根须半之半。去根留叶茎，一炒沸起，香气充溢，其叶微甘，颇为惊喜！

吃了一个盛夏的毛芹（别说水芹，黄芹、青芹、香芹皆无），有点腻味！毛芹茎叶若其名，茎毛叶糙。黄心芹叶涩不入馔，茎肥而嫩（袁枚曰"芹，愈肥愈妙"者是也），味浓；青芹分粗细两种，粗长者，其叶不馔，味淡；细短者，叶小而润，馔则微苦。

　　最是水芹，味入深秋，不可方物！水芹难以服侍，最好吃的水芹——淤泥多的最难服侍。水芹根须沾泥，一剪去尔；叶粗长杂，摘之弃尔；唯其空心，最难服侍，水芹茎空，内有淤泥，需一根一根剥开，用细水冲洗干净。

　　一根一根清洗，世上唯水芹尔！

　　水芹其味，在肥脆，因其空心；在野肆，因其附泥。我行其野，野有水芹！

　　水芹是我国原生植物，《周礼》有"芹菹"，郑玄《周礼注》："七菹：韭、菁、茆、葵、芹、箈、笋。"菹是腌菜，但芹之美，美在新鲜，美在出淤泥而香如故！

　　《诗》曰："思乐泮水，薄采其芹。"[注2]郑注："芹，水菜也。"孔疏："鲁人言己思乐往泮宫之水，我欲薄采其芹之菜也。既采其菜，又观其化。"薄，语辞也。化，教行也。

　　从诗句的三面环水（案：以阻闲杂）推测，上古水芹，当为野生。"思乐泮水，薄采其芹"，古人读书之余，顺手采芹，回家烧菜，别有一番诗意在桌上！至于水芹的难洗，古人则不屑描绘。

水芹入馔，《周礼》参佐、《诗经》为证，至少三千年。芹本其姓，名正言顺，《尔雅》："芹，楚葵。"晋郭璞注："今水中芹菜。"

芹本野生，"薄采其芹"，若欲常食，开畦种之。北魏贾思勰《齐民要术·种芹》："收根，畦种之。常令足水。"用字仅九，水要足，水足则淤泥渗，淤泥渗则难洗。

如今到处是网红，网红直播，网红铺子，网红咖啡，网红月饼，连白芹也网红。有人开车到产地，仅为吃上一口白芹。殊不知早在南宋，白芹已声名远播！谈钥《嘉泰吴兴志》"芹"条："今乡土种惟白芹，冬至后作菹，甚甘美。春后不食，俗云入春生虫子。"吴兴，隶湖州。

《嘉泰吴兴志》为南宋佳志，同一年（1201）修成的《嘉泰会稽志》，出自施宿，其叙"芹"云："《诗》曰：'觱沸槛泉，言采其芹。'水菜也，一名水英。《尔雅》谓之'楚葵'。列子以为'客有献芹者，乡豪取而尝之，蜇于口，惨于腹也'。芹实嘉蔬。今和芥或以醯酱和之为菹，绝妙！列御寇之言，殆出北方未尝食芹者尔。越城白马山产芹，最美。"越城，隶绍兴（会稽）。

施宿从《诗经》说到《尔雅》，再叙列子（名御寇）"野人献芹"[注3]，以为"北方未尝食芹者"，带着点地域歧视。反观谈钥"俗云入春生虫子"，似乎更有道理，北宋《证类本草》"水靳"条："【孟诜】云：置酒酱中香美。生黑滑地，名曰

'水芹'，食之不如高田者宜人。余田中皆诸虫子在其叶下，视之不见，食之与人为患。"孟诜，唐朝医药大家。

　　野人献的是水芹，叶下有虫（案：予以为茎中有虫），拿回家没有一根一根清洗干净，吃了闹肚子（"惨于腹"），怪谁？列子似乎不太懂吃，同样是"子"，吕子则精于馔饮！吕子不是我给起的绰号 [注 4]，吕子曰：

　　菜之美者，有云梦之芹！

[注 1] 国家统计局《10 月份 CPI 同比上涨 1.5%》："2021 年 10 月份，全国居民消费价格指数（CPI）同比上涨 1.5%。其中，受降雨天气、夏秋换茬、局部地区疫情散发及生产运输成本增加等因素叠加影响，鲜菜价格环比上涨 16.6%。"

[注 2] 西汉毛亨传、东汉郑玄笺、唐朝孔颖达疏《毛诗正义·鲁颂·泮水》："思乐泮水，薄采其芹。"毛传："泮水，泮宫之水也。天子辟雍，诸侯泮宫。"辟雍，孔疏"天子之学"；泮宫，"诸侯之学"。新林案：传、笺、疏，皆注。辟雍四面环水，泮宫三面环水。

[注 3] "野人献芹"，《列子·杨朱》载："昔人有美戎菽，甘枲茎、芹、萍子者，对乡豪称之。乡豪取而尝之，蜇于口，惨于腹。众晒而怨之，其人大惭。"戎菽，大豆；枲，雄麻；萍，郭璞注"今藾蒿也，初生亦可食"；晒，讥笑。

[注 4]《史记·吕不韦列传》："孔子之所谓'闻'者，其吕子

乎!"新林案:《论语·颜渊篇·第二十章》:"子曰:'夫闻也者,色取仁而行违,居之不疑。在邦必闻,在家必闻。'"马融注:"此言佞人也。"

夏日啖瓜

早年的夏天没有冰箱，阿爸从青浦带来的西瓜，吃之前，到前弄堂好婆家的井水里浸上个把小时，再拿回家。菜刀轻劈，刮拉清脆，瓜自开裂。井水浸过后的西瓜，冰凉爽口，是从前的美好回忆！

吃剩的西瓜皮，万万舍不得丢。外层青皮削去，内层红瓤刮净，切条爆盐。盐渗入瓜皮，渍出水分。麻油滴几滴，筷子拌一拌，夜到冷菜多一只。清脆爽口，过饭上佳。

1970、1980 年代的上海人，住房条件极差［注1］，人均面积，排名全国末位。从前上海的夏天，真正称得上是苦夏，要熬！熬中有味，熬中有趣。

乘风凉，是上海人熬过苦夏的代名词。

乘风凉一般从夜饭辰光开始，急吼拉吼的会抢占弄堂的宽敞地，床板铺好。大多数人家笃姗姗，搬出小台子小矮凳，再弄几盆小菜。先吃饭，再乘风凉。老爷叔咪咪小老酒（白、黄），中年阿哥弄一热水瓶零拷生啤。

阿爸咪一口小白酒，搛一小条爆盐瓜，开心！爆盐瓜皮，手势讲究，要一遍抹到位，方能做出上品脆皮。姆妈烧菜，天生自来，任何菜到伊手上，总归能变出美味！

吃夜饭前，男人们接水站前汰一把冷水浴，一根丝瓜筋从头颈搓到脚心，神情销魂，再用冷水橡皮管（一头接水龙头），从头顶猛冲到脚底，适意啊！清乾隆《福州府志》："丝瓜，一名天罗，以瓜老则筋丝罗织，故名。"

从前的上海人，以小气精明名扬全国。一根丝瓜筋，可以从冬天（在混堂里）搓到夏天。夏天的毛豆子不值钱，一斤毛豆，可以烧出四只菜：毛豆烧丝瓜、毛豆烧冬瓜、毛豆烧黄瓜，顶级货是毛豆子烧六月黄。

李渔不愧为大食家，其《闲情偶寄》曰："煮冬瓜、丝瓜忌太生。"毛豆烧丝瓜、毛豆烧冬瓜，要烧到丝瓜冬瓜：糯，毛豆：酥，则佳！黄瓜以脆为上，故毛豆烧黄瓜，先煮毛豆，至酥，再入黄瓜，一炒即起。

丝瓜、黄瓜、西瓜、冬瓜，都是外来品种，《本草纲目》："丝瓜《纲目》【释名】天丝瓜、天罗、布瓜、蛮瓜。"一搭上"蛮"，外来无疑。

黄瓜本名胡瓜，《本草纲目》："胡瓜【释名】黄瓜〔藏器曰〕北人避石勒讳，改呼黄瓜，至今因之。〔时珍曰〕张骞使西域得种，故名胡瓜。按杜宝《拾遗录》云：隋大业四年避讳，改胡瓜为黄瓜。"藏器，唐朝药学家陈藏器。隋大业四年，隋炀帝大业四年。

黄瓜改名有两说，其一"避石勒讳"，其二"避杨坚讳"〔注2〕。

"流波将月去"——无论以前称呼什么，黄瓜再也叫不回去。予私以为，隋炀帝的功绩者三：开创科举制、开凿大运河、改胡瓜为黄瓜。

西瓜，"种出西域，故名"（徐光启《农政全书》）。徐光启，上海人，明崇祯年内阁次辅、多领域博物大家。《农政全书》并引"杨用修"文，以证五代胡峤于回纥"得瓜种"，中国始有西瓜。

杨慎，字用修，号升庵，明朝大才子博学家，其《丹铅总录》载："余尝疑《本草》瓜类中不载西瓜。后读五代邠阳令胡峤《陷虏记》云峤'于回纥得瓜种，以牛粪结实大如斗，味甘，名曰西瓜'，是西瓜至五代始入中国也。《文选》'浮甘瓜于清泉'，盖指王瓜、甜瓜耳。"[注3]

"西瓜"一词，五代始有无疑。

"浮甘瓜于清泉，沉朱李于寒水"，出自曹丕《与吴质书》，浮瓜沉李也。我小时候除了西瓜，余瓜皆不食。阿爸到前弄堂好婆家的井里浸西瓜，我是小跟班、小看班。西瓜先放进铅桶，纤绳吊入井里，阿爸用手摇晃拎甩，铅桶斜浸入水，至桶刚好没过水，急忙收绳，拴绕于井架上。

否则，西瓜溜出铅桶，"浮甘瓜于清泉"，非但白浸，且无法下井捞取。

杨慎（1488—1559）"疑《本草》瓜类中不载西瓜"，确乎其实。李时珍《本草纲目》（1596年刊刻）之前的《本草》皆无"西瓜"条，仅"瓜蒂"条与杨慎所谓"甜瓜"，有那么一丝关联。

北宋唐慎微《证类本草》"瓜蒂"条："【陶隐居】云：瓜蒂，多用早青蒂，此云七月采，便是甜瓜蒂也。永嘉有寒瓜甚大，今每取藏经年，食之。"陶弘景，南朝梁医药大家，号隐居。

陶言"寒瓜甚大，今每取藏经年"，案：《本草纲目》"西瓜"条所引陶言则为"寒瓜甚大，可藏至春"——从冬天藏到春天，这哪是西瓜，这是大白菜！

又，《证类本草》："【图经】曰：瓜蒂即甜瓜蒂也。生嵩高平泽，今处处有之，亦园圃所莳。旧说瓜有青、白二种，入药当用青瓜蒂，七月采，阴干。"《图经》指《本草图经》[注4]，苏颂（北宋宰相、多领域博物大家）著。

"七月采"，七月盛夏，正是西瓜采摘时。西瓜青皮，深色锯齿条纹均匀分布其上，《证类本草》"瓜蒂"条下的附图（《本草图经》图），毫无疑问，是西瓜！

陶隐居所谓"瓜蒂，多用早青蒂，此云七月采，便是甜瓜蒂也"，去掉定语，可浓缩成"瓜蒂便是甜瓜蒂也"，即《图经》"瓜蒂即甜瓜蒂也"。若此，西瓜最早的名字，是甜瓜——越过北宋、五代、隋唐而直至魏晋南北朝——"浮甘瓜于清泉"，盖指甜瓜耳。

西瓜本来就是甜的嘛！

明人对西瓜的钟爱，又派生"洪皓携归说"，李诩《戒庵老人漫笔》载："西瓜可治暑疾，甚效。种以牛粪，结实大如斗。其种自洪忠宣使金虏移归。"洪皓，南宋爱国重臣，谥"忠宣"[注5]。

洪皓《松漠纪闻》载："西瓜形如匾蒲而圆，色极青翠，经岁则变黄。其赋类甜瓜，味甘脆，中有汁尤冷。《五代史·四夷附录》云：'以牛粪覆棚种之。'予携以归，今禁圃乡圃皆有，亦可留数月，但不能经岁仍不变黄色。"赋，小瓜。

洪皓是顶天立地的男人，不说假话，自云"予携以归"，则无人能否！然，中国之大，洪皓"携以归"的西瓜，未必不早已在中国大地上（案：至少在五代），在东西南北某处，被大啖特啖尔！

明博物大家谢肇淛虽认可"洪皓携归说"（《五杂组》"西瓜自宋洪皓始携归中国"），但又曰："古人于瓜极重，《大戴礼·夏小正》：'五月乃瓜，八月剥瓜。'《幽风》：'七月食瓜。'……不知古人所云食瓜的是何种。今人西瓜之外无有荐宾客会食者。汉阴贵人梦食敦煌瓜甚美，敦煌，西羌地也，岂此时西瓜已有传入中国者，但不得其种耶？"

明朝中后叶，请宴、聚餐只上西瓜（"今人西瓜之外无有荐宾客会食者"），源于西瓜解暑消渴，口感甜爽不腻，超乎其他瓜果。

予生来嘴刁，幼时喂西瓜抿嘴而食，喂他果（苹梨橘桃）

肉夹于馍

　　十年前的西安之旅，印象深刻。兵马俑列阵森严，大雁塔高耸雄伟，古城墙逶迤悠远。三千年历史，"郁郁乎文哉"，十三朝遗迹，沧沧乎桑哉！

　　到一地旅行，予奉行"大景小吃"，风景要看大，美食要吃小。小吃最能反映当地食俗和馔饮文化，羊肉泡馍和肉夹馍，西安小吃不三之选。和内子下午飞抵，直奔"老刘家"，傍晚即上城墙。

　　晚霞日落，泻上青砖，如影过幕！

　　翌日一早，寻到东木头市的"秦豫"，予要个优质（非质优，量多也。肉夹馍分"优质""普通""纯瘦"），内子要了纯瘦。趁热吃，热馍外脆内松。吃法亦讲究，不得其道竖持而食，会弄得满手流油。

　　横着吃，从馍边慢慢蚕食，馍、肉、汁相融，馍香肉醇汁美。优质夹馍，肥瘦相间，大咬一口，腴韧的皮、嫩化的肥、酥软的瘦、卤稠的汁，满嘴肆意！肉香随腊汁入馍，馍入汁腊随香肉！

　　吃着不过瘾，得老板同意，进入厨房拍照。两口直径一米的大锅，桂皮八角各种香料煮着熬成深色的五花肉，汤水被肉化成浓稠黑褐的"腊"汁。

煮肉的一胖师傅，切肉的一瘦师傅。胖师傅从大锅里钩起一块大肉，放入脸盆传至瘦师傅前的砧板，瘦师傅淋上稠黑的"腊"汁，旋切大肉。旁边一小帮手，专门把肉夹入于馍。瘦师傅看我拍照，切好肉，唰地一刀斜飞入砧板。好身手！

肉夹馍，创于何时，史不可考。

予之所以迷上历代笔记，源自段成式的《酉阳杂俎》。段成式于馔食的描写，时而绘形，时而写意；时而灵动，时而飘逸；时而瑰丽，时而诡异。寥寥数语，"粲然成章"，煌煌千言，"才藻艳逸"。

宋张邦基《墨庄漫录》："段成式书云：'杯宴之余，常居砚北。'盖言几案面南，人坐砚之北也。"段成式主业"杯宴"，副业才是"砚北"（墨砚作文）。

历代食家，段老称二，无人敢一。"天下食林，唯段独尊"！

《酉阳杂俎》最难解章节，为"卷七酒食"之"伊尹干汤"段（干，犯也。伊尹冒犯商汤，以美食喻己治国主张说服商汤），约八百字，美食理论二："水居者腥，肉玃者臊，草食者膻""甘而不哝，酸而不哝，咸而不减，辛而不耀，淡而不薄，肥而不腴"，仅差四字：入口即化！

美食名称一大把，"猩唇""貜炙""鱲翠"引自《吕氏春秋》"猩猩之唇""貜貜之炙""隽鱲之翠"。（参见拙文《猩猩之唇》，收入《古人的餐桌·第二席》。案："一大把"除《吕氏春秋》，余多引自上古三代、秦汉、三国、六朝文。)

段老在引用《吕氏春秋》时还循规蹈矩，行楷端正（"爨"为错别字，居然越过五个朝代，最后荣登"满汉席"之列，堪称千古奇迹!)，之后则如脱缰野马，肆意奔腾，草书狂舞，"鲙曰万丈、蚊足、红缕""精细曰万凿百炼、蝇首如蚯"! [注1]

这是在描绘美食吗？这他么（感叹句，无以言表之感叹句）的是在咏唱我中华的伟大文字啊！

"饼谓之托"（参见拙文《汤饼不托》，收入《古人的餐桌》），"膜（一作餤 [注2]）、脿、脯、胀、膰，肉也"，五个字均为肉月旁，故"肉也"。括弧内为段老自注，餤字食旁，与肉何关？

早于段老一百多年的张鷟，所著《朝野金载》载："隋末深州诸葛昂性豪侠，渤海高瓒闻而造之，为设鸡肫而已。瓒小其用，明日大设，屈昂数十人，烹猪羊等长八尺，薄饼阔丈余，裹餤粗如庭柱，盆作酒碗行巡，自为金刚舞以送之。"

"鸡肫"之肫，同"㹠"，小猪。高瓒轻视诸葛昂的款待，第二天弄了个"粗如庭柱"的巨餤，回敬对方。从张鷟的描述可知，餤是薄饼裹大肉——"薄饼阔丈余"裹"猪羊等长八尺"而成"粗如庭柱"的"餤"。

餤，一种流行于隋唐五代宋元的美食 [注3]。两宋间大家叶梦得《避暑录话》载"唐御膳以红绫饼餤为重"，叶氏言之不虚，唐宰相韦巨源上"烧尾食"请宴中宗李显，菜单被陶穀收藏而纪于《清异录》，共五十八道极品馔食，其一为"唐安餤"。

南宋戴侗《六书故》："按今《说文》无此字。今以薄饼卷肉，切而荐之曰餤。"《说文》没有的字，何其多也！

薄饼卷肉为餤，薄饼夹肉者何？明张岱《夜航船》"饮食"条："诸葛亮作馒头，作餕、餤。"张岱此条史不可考，但提供了重要线索：餕、餤，乃相似的食馔。

元无名氏《居家必用事类全集·己集》"晒藤花法"条："盛开时摘，拣净，去蒂。盐汤洒拌匀。入甑蒸熟晒干。用作餕餡、馄饨、餕子等。素食馅极美，荤用尤佳。"从文意推断，显然"餕子"包馅。

"餕"，案《说文》无此字，《六书故》亦无，越三代，《康熙字典》也无此字，今厚达五千多页的《汉语大字典》亦无此字。

没有这个字，古人不作文？

周密《武林旧事》"蒸作从食"条："子母茧、春茧、大包子……诸色餕子、诸色包子、诸色角儿、诸色果食、诸色从食。"周密是宋末元初大家，遣词造句甚为讲究，"诸色餕子"排在"诸色包子"前，可以想见，南宋的"诸色餕子"既多且馋人！

周密蜻蜓点水，吴自牧则飞漂涟漪："且如蒸作面行，卖四色馒头……鹅鸭包儿、鹅眉夹儿、十色小从食、细馅、夹儿、笋肉夹儿、油煠夹儿、金铤夹儿、江鱼夹儿。"（《梦粱录》"荤素从食店"条）煠（zhá），同"炸"。

以"笋肉夹儿"为例，照字面理解："笋肉"被"夹"尔。

同是天涯宋亡人！周密自序"追想昔游，殆如梦寐"，吴自牧自序"缅怀往事，殆犹梦也"。《武林旧事》《梦粱录》二书，皆为追忆南宋都城临安之作，在编撰体例和叙述方式上，沿承北宋孟元老的《东京梦华录》，许多馔食，亦一脉相承："冬月盘兔、旋炙猪皮肉、野鸭肉、滴酥、水晶鲙、煎夹子、猪脏之类，直至龙津桥须脑子肉止，谓之杂嚼，直至三更。"（卷二"州桥夜市"条）

《梦粱录》的"油煠夹儿"沿承《东京梦华录》的"煎夹子"。

《东京梦华录》卷二"饮食果子"条："所谓茶饭者，乃百味羹……白肉、夹面子……洗手蟹之类。"大多数注本，"白肉夹面子"间无顿号[注4]。"白肉夹面子"是一种小吃；"白肉、夹面子"则为二种小吃，若夹"白肉"于"面子"，则合而为一种。

吴自牧之"夹"儿、周密之"餜"子，都是他们曾经的往事追忆；孟元老的"白肉、夹面子"，更是他曾经的故国乡愁："暗想当年，节物风流，人情和美，但成怅恨"！

[注1] 新林案："鲙曰万丈、蚊足、红绰"，鲙，生鱼片；万丈，梁吴均《食檄》"千里莼羹，万丈名鲙"；蚊足，喻鲙之纤细；

红绉，梁简文帝萧纲《七励》"切均鲜鲙，色若紫兰，纷如红绉"。"精细曰万凿百炼、蝇首如蚳"，东汉崔骃《七依》"不周之稻，万凿百陶，精细如蚁"，喻稻之精细，如蝇首蚁卵。蚳，同"蚔"，蚁卵。

[注2] 中华书局1981年方南生校点本"一作馂"，新林案：是书以万历三十六年（1608）赵琦美校勘本为底本断句。馂，明商濬辑《稗海》、明毛晋辑《津逮秘书》、清张海鹏辑《学津讨原》本，皆作"馂"。《酉阳杂俎》现存最早版本为国家图书馆藏明初刻本，经专家初步比勘，与日本国会图书馆藏明弘治五年（1492）朝鲜刊刻本，底本为同版之宋刻本，作"一曰馂"。

[注3] 陆游《南唐书·杂艺列传》："某御厨者，失其姓名，唐长安旧人也。从中使至江表，未还，闻崔胤诛北司，遂亡命，而某留事吴。及烈祖受禅，御膳宴设赖之，略有中朝承平遗风。其食味有鹭鸶饼、天喜饼、驼蹄馂、春分馂、密云饼、铛糟炙、珑璁馂、红头签、五色馄饨、子母馒头，旧法俱存。"

[注4] 南宋耐得翁《都城纪胜》"食店"条："又有误名之者，如呼熟肉为白肉是也，盖白肉别是砧压去油者。"新林案："白肉"在两宋是一种独立的馔食。

五谷之豆

《三字经》："稻粱菽，麦黍稷。此六谷，人所食。"菽，豆也。古人有九古、六谷、五谷之说。五谷丰登，豆占其一[注1]。清光绪周恒重《潮阳县志》："菽，俗谓之豆，角曰荚，叶曰藿，茎曰萁，有黑白绿红黄五色。"

豆之生长过程，有荚有叶有萁，故《潮阳县志》又曰："有挟剑豆，荚生横斜如人挟剑，俗谓之刀豆。"蔬茹之豆，有豆荚可食者（如刀豆），有豆叶可食者（如豌豆苗），唯豆萁不可食：

"煮豆燃豆萁"！

豆"有黑白绿红黄五色"，五色之豆构成丰富多彩的菽谷世界，清康熙年高拱干纂《台湾府志》"菽之属"条："黄豆（皮黄，粒大，可作腐）、白豆（皮白，粒差小，可作腐，亦可作酱）、黑豆（皮黑，可作豉，俗通呼豆豉）、米豆（皮白，可和米煮）、绿豆（皮绿，粒小，可作粉）、落花生（即泥豆，可作油）。"

"黑白绿红黄"，黄豆作腐、白豆作酱、黑豆作豉、绿豆作粉，就差红豆，民国刘绍宽撰《平阳县志》："赤豆，俗名红豆，可供饼餡及煮粥用。"（餡，参见本书《餡中有馅》，案：

"餡""餡"皆用繁体。）赤豆粥，养生。

黄豆作腐，腐即豆腐，予三年前曾写过《豆腐千金》，文中只涉豆腐而不及其他，今添加之。豆腐各种及其衍生品，有嫩豆腐、老豆腐、冻豆腐、臭豆腐、豆腐干、豆腐皮等。

喜欢吃豆腐的人，肯定老嫩通吃！嫩者软润，老者绵腻。

比嫩豆腐更嫩的是豆腐脑，清李斗《扬州画舫录》："清明前后，肩担卖食之辈，类皆俊秀少年，竞尚妆饰。每着藕蓝布衫，反纫钩边，缺其衽，谓之琵琶衿。绔缝错伍取窄，谓之棋盘裆。草帽插花，蒲鞋染蜡。卖豆腐脑、茯苓糕，唤声柔雅，渺渺可听。"李斗的文字，令人思绪缥缈，仿佛进入那"唤声柔雅，渺渺可听"的从前时光！

豆腐脑是软的，豆腐干是硬的，软有软的味道，硬有硬的滋味，清施鸿保《闽杂记》"汀州大腐干"条载："汀州俗有十大之称，腐干其一也。用整板豆腐，微盐水淋过，蒸令极坚，厚不半寸，大有方径二三尺者，可供久藏。远行者，亲友多馈之。"却不知，长汀古城的大腐干，今还存否？

臭豆腐略，详见拙著《小吃大味》之《臭豆腐》。

冻豆腐又别是一种，滋味殊韵，袁枚《随园食单》"冻豆腐"条："将豆腐冻一夜，切方块，滚去豆味，加鸡汤汁、火腿汁、肉汁煨之。上桌时，撤去鸡、火腿之类，单留香蕈、冬笋。豆腐煨久，则松而起蜂窝如冻腐矣。故炒腐宜嫩，煨者宜老。"

"炒腐宜嫩，煨者宜老"，袁枚，大食家也。古代南方人吃冻豆腐，要等到冬天，若碰上个心急吃冻豆腐的主，只能干等，不如北方爽气，冬天长啊！

清人学者官员西清（鄂尔泰曾孙）《黑龙江外记》载："达发哈鱼未入呼玛尔河，取而干之，冬日馈遗外城，与黑龙江冻豆腐并称佳品。"达发哈鱼，大马哈鱼。黑龙江冻豆腐，嘎嘎硬！

豆腐衣（豆腐皮）的美味，让予思绪倒流回四十年前，上海人做舍姆娘的补品含豆腐衣，大姐姐大我十七岁，疼我这个小弟弟，将碗里的豆腐衣搛拨我吃。我在十岁那年，知道了什么叫做"入口即化"！

《本草纲目》"豆腐"条："【集解】〔时珍曰〕其面上凝结者，揭取晾干，名豆腐皮，入馔甚佳也。"面上凝结，一层衣尔。几十年后再次吃到豆腐衣，是经油炸后的杭帮名菜"炸响铃"，入口极脆，但偏油腻，不如春卷清爽。

"炸响铃"的雏形，出自袁枚《随园食单》："芜湖敬修和尚，将腐皮卷筒切段，油中微炙，入蘑菇煨烂，极佳。"

豆腐乳（乳腐）是家中必备之品，过泡饭甚佳，袁枚《随园食单》"乳腐"条："乳腐以苏州温将军庙前者为佳，黑色而味鲜，有干湿二种。有虾子腐亦鲜，微嫌腥耳。广西白乳腐最佳。"

袁枚吃尽老嫩豆腐，憋出一句名言："豆腐得味，远胜燕窝。"

黄豆作腐，文且至此。

白豆作酱，子曰："不得其酱，不食。"酱的历史，至少三千年，明朝博物大家谢肇淛《五杂组》载："《礼》有醢酱、卵酱、芥酱、豆酱，用之各有所宜，故圣人'不得其酱不食'。今江南尚有豆酱，北地则但熟面为之而已，宁办多种耶？又桓谭《新论》有腥酱，汉武帝有鱼肠酱，南越有筍酱，晋武帝《与山涛书》致鱼酱，枚乘《七发》有芍药之酱，宋孝武诗有匏酱，又《汉武内传》有连珠云酱、玉津金酱，《神仙食经》有十二香酱，今闽中有蛎酱、鲎酱、蛤蜊酱、虾酱，岭南有蚁酱。则凡聂而切之腌藏者，概谓之酱矣。"[注2]

《礼记》有醢酱、卵酱、芥酱，加之后面这么多酱，恐要另起一文（参见本书《不食去食》）。

白豆作酱，点到为止。

黑豆作豉，南宋博物大家吴曾《能改斋漫录》"盐豉"条："盐豉，古来未有也。《礼记·内则》《楚辞·招魂》备论饮食，而言不及豉。史游《急就篇》乃有'芜荑盐豉'。《史记·货殖列传》曰：'糵曲盐豉千合。'及《三辅决录》曰：'前队大夫范仲公，盐豉蒜果共一箫。'盖秦汉已来，始为之耳。"[注3]

吴曾之"古"，指上古，即三代（夏商周）。吴曾考据严谨，盐豉自汉始有。最著名的盐豉，出自《世说新语》"有千里莼羹，但未下盐豉耳"。豉字何意？《说文》："豉，俗尗。"许慎的"俗"，距今约二千年。

《说文》："尗，配盐幽尗也。"尗（chǐ），同"豉"；尗（shū），同"菽"。明朝大才子博学家杨慎《升庵文集·六十四卷》"解字之妙"曰："《说文》解豉字云：'配盐幽尗也。'盖豉本豆也，以盐配之，幽闭于瓮盎中所成，故曰幽尗。"

杨慎不愧为大才子博学家，一言道出豉何以名"幽尗"。

"幽闭于瓮盎"，时间的酝酿，成就幽尗的暗香！今天的中国，至少半数以上的家庭，冰箱里存有豆豉。炒菜佐料，无豉不香。

"幽闭于瓮盎"的豉，在北宋末年，其意已变，孟元老《东京梦华录》"宰执亲王宗室百官入内上寿"条："凡御宴至第三盏，方有下酒：肉咸豉、爆肉、双下驼峰角子。"下酒，下酒菜也。

陆游《老学庵笔记》纪："集英殿宴金国人使，九盏：第一肉咸豉，第二爆肉、双下角子，第三莲花肉、油饼、骨头，第四白肉、胡饼，第五群仙炙、太平毕罗，第六假圆鱼，第七奈花索粉，第八假沙鱼，第九水饭、咸豉、旋鲊瓜姜。"

陆游记载的是国宴，第一道即肉咸豉，第二道爆肉、双下角子（"双下驼峰角子"），第九道有咸豉。肉咸豉、咸豉已非"幽闭于瓮盎"中酝酿的佐料。

元无名氏《居家必用事类全集》己集"诸豉类"，各豉法皆"幽闭于瓮盎"：金山寺豆豉法"纳实，箸密口，泥封固"，咸豆豉法"却入磁小缸内，紧筑数重纸封之，或用泥封"，淡豆豉法"然后用磁罐收贮，密封固"，造麸豉法"却装入磁瓮中，盆盖"。

庚集"素食（素下酒并素下饭）"出现"咸豉"条："熟面筋、丝碎、笋片、木耳、姜片，或加蘑菇、桑莪、蕈，下油锅炒半熟，倾入擂烂，酱、椒、沙糖少许，粉牵，焐熟，候汁干供。"

庚集"肉下饭品"出现"干咸豉"条："精羊肉，每斤切作块或挺子，盐半两，酒醋各一碗，砂仁、良姜、椒、葱、橘皮各少许，慢火煮汁尽。晒干，可留百日。"挺子，条子。

咸豉、（羊）肉咸豉，下酒（"素下酒"）下饭（"肉下饭"），而非佐料，且均不"幽闭于瓮盎"中，否则"肉咸豉"不可能作为国宴第一道菜。

黑豆作豉，行笔且此。

绿豆作粉，李渔《闲情偶寄》："粉之名目甚多，其常有而适于用者，则惟藕、葛、蕨、绿豆四种。"

藕粉为首，姆妈在世的时候，喜食藕粉。我所归的"粉"类，有一条非常特别，清叶梦珠《阅世编》："法制藕粉，前朝惟露香园有之，主人用为服饵，等于丹药。市无鬻者。"鬻（yù），卖。

露香园是明朝上海三大名园之一，毁于1842年。露香园路筑于1910年，我的童年、少年和青年，曾经无数次走过这条幽静的小马路，直到今天，"看到"此园，想起此路，驻足。

[注1] 五谷，《周礼·疾医》："以五味、五谷、五药养其病。"郑玄注："五谷，麻、黍、稷、麦、豆也。"《孟子·滕文公上》："树艺五谷。"赵歧注："树，种。艺，殖也。五谷谓稻、黍、稷、麦、菽也。"

[注2]"聂而切之"，《礼记·少仪》："牛与羊鱼之腥，聂而切之为脍。"郑玄注："聂之言牒也。先藿叶切之，复报切之，则成脍。"新林案：牒，薄切肉也。意先切成薄片，再细切之，则为脍。另：《礼记》并无"豆酱"。（《内则》："食：醢酱、卵酱、芥酱。"）"豆酱"一词，最早出自东汉王充《论衡·四讳》："世讳作豆酱恶闻雷。"

[注3]《史记·货殖列传》："通邑大都，酤一岁千酿，醯酱千瓨……糵曲盐豉千荅。"新林案：交通便利的大都市，一年酿酒千瓮，醋（"醯"）酱千缸，酒曲（"糵曲"）盐豉千罐（荅，通"合"）。

大饼炉子

又到中秋，花好月圆，家人团聚。中秋节，月饼不可不吃。月饼形圆，取其团圆之意，"但愿人长久"！

"月饼"一词，最早出自《梦粱录》。吴自牧追忆了南宋都城临安的城市布局、景观、民俗、风物，特别着墨于临安饮食，细到店名、菜名。临安繁华，"市食点心，四时皆有"（"荤素从食店"条）。

"且如蒸作面行，卖四色馒头、细馅、大包子，卖米薄皮、春茧、生馅、馒头、馉子、笑靥儿、金银炙焦、牡丹饼、杂色煎花馒头、枣箍、荷叶饼、芙蓉饼、菊花饼、月饼……。"[注1] 这条记录的归类，在2016年9月临中秋前，文中出现"月饼"，故印象特别深刻！

明吏部尚书张瀚《松窗梦语》："中秋供月以饼，取团圆之象，遂呼月饼。"供，设也，陈列祭品。

月饼能流传到今日，取其有"团圆之象"，清潘荣陛《帝京岁时纪胜》："中秋。十五日祭月，香灯品供之外，则团圆月饼也。"十五的月亮中秋圆，"团圆月饼"，一个多么美好的名字！

《梦粱录》"荤素从食店"，有牡丹饼、荷叶饼、芙蓉饼、菊花饼、月饼、乳饼、烧饼、春饼等。《武林旧事》"蒸作从食"

条，有荷叶饼、芙蓉饼、乳饼、月饼、烧饼、金花饼、春饼等。

胡饼（烧饼）是有文献记载的第一饼，其次是春饼，明张岱《夜航船》："楚俗立春日，门贴宜春字。唐人立春日作春饼、生菜，号春盘。"春饼和生菜放在一个盘子里，号为"春盘"。杜甫诗曰："春日春盘细生菜，忽忆两京梅发时。"

张岱之文、杜甫之诗，"春意盎然"——立春、春饼、春日、春盘，清潘荣陛《帝京岁时纪胜》"春盘"条："新春日献辛盘。虽士庶之家，亦必割鸡豚，炊面饼，而杂以生菜、青韭芽、羊角葱，冲和合菜、皮，兼生食水红萝卜，名曰咬春。"新春日，即立春日，古时并非指春节[注2]。合菜即合在一起的菜，饼（皮）包合菜，是为"春盘"。

"春盘"条怎又会出现"辛盘"？张岱所谓"楚俗"也，南朝梁宗懔《荆楚岁时记》："正月一日……鸡鸣而起，先于庭前爆竹，以辟山臊恶鬼。长幼悉正衣冠，以次拜贺。进椒柏酒、饮桃汤，进屠苏酒、胶牙饧。下五辛盘。（周处《风土记》曰：'元日造五辛盘。正元日五熏炼形。'五辛，所以发五藏之气。）"括弧内是隋杜公瞻注。

李时珍对"五辛"颇有研究，《本草纲目》："五辛菜【集解】〔时珍曰〕五辛菜，乃元旦立春，以葱、蒜、韭、蓼、蒿、芥辛嫩之菜，杂和食之，取迎新之义，谓之五辛盘，《杜甫诗》所谓'春日春盘细生菜'是矣。"

"葱、蒜、韭、蓼、蒿、芥"[注3]，多了一辛，"蒿"既莫名又冤屈！

又，《本草纲目》"蒜"条："五荤即五辛，谓其辛臭昏神伐性也。练形家以小蒜、大蒜、韭、芸薹、胡荽为五荤，道家以韭、薤、蒜、芸薹、胡荽为五荤，佛家以大蒜、小蒜、兴渠、慈葱、茖葱为五荤。"

此说"五辛"涉及练形家（方士）、道家、佛家，予三家皆畏，不言为妙！

毋庸置疑，食五辛以发"五藏之气"，引导宣泄也！至于吃什么，并无定论，五辛盘到春卷，有个流行过程：五辛盘（辛盘）——春盘——春饼——春卷。

西晋周处《风土记》、南朝宗懔《荆楚岁时记》之"五辛盘"——唐朝杜甫"春日春盘细生菜"之"春盘"——南宋吴自牧《梦粱录》之"春饼"——元无名氏《居家必用事类全集》之"卷煎饼"。

"春饼"炊香，干"煎饼"底事？《居家必用事类全集》"卷煎饼"条："摊薄煎饼。以胡桃仁、松仁、桃仁、榛仁、嫩莲肉、干柿、熟藕、银杏、熟栗、芭揽仁，已上除栗黄片切外，皆细切，用蜜糖霜和，加碎羊肉、姜末、盐、葱调和作馅，卷入煎饼，油炸焦。"

予自 2015 年始读历代笔记（饮食部分），每逢菜谱，必痛恨之！菜谱菜谱，每句每字，与饮馔有关，故字字必校。

然，菜谱的好处显而易见，能旁佐菜名！比如"卷煎饼"，制法极其类似上海春卷（参见拙著《小吃大味》之《三丝春卷》），第一步：摊薄煎饼；第二步：馅料切细、调和；第三步：薄饼包馅（"卷入煎饼"）；第四步：油炸春卷（"油炸焦"）。

北京的春卷非油炸（清薛宝辰《素食说略》"作极薄饼先烙而后蒸之，曰春卷"），类似上海从前的小型"包脚布"（参见拙著《小吃大味》之《包脚布》）。

我小时候是计划经济时代，粮油凭票供应[注4]。肚里没油水，每到吃春卷的日子，会感到特别的幸福！姆妈包春卷，我在一旁看着幸福！姆妈炸春卷，我在一旁听着幸福——春卷入锅，炸响一锅沸油！姆妈炸出春卷，我在一旁吃着幸福！

姆妈炸出的春卷，颜色金黄，中间偏淡，两头略深。闻上去，有股油炸香和煎脆香。"两头略深"，微焦；"煎脆香"，炸香。《居家必用事类全集》最后三字："油炸焦"。

《东京梦华录》"饼店"条有"宽焦"，伊永文《东京梦华录笺注》："〔五〕宽焦：'〔文案〕宽焦即今之薄脆。'"[注5]误也！宽焦、薄脆当是两种饼，《西湖老人繁胜录》："六月初六日，崔府君生辰。……蜜薄脆、糖瓜蒌、宽焦饼。"

《东京梦华录》"饼店"全文："凡饼店，有油饼店，有胡饼店。若油饼店，即卖蒸饼、糖饼、装合、引盘之类。胡饼店即卖门油、菊花、宽焦、侧厚、油碢、髓饼、新样、满麻。每案用三五人捍剂卓花入炉。自五更，卓案之声，远近相闻。唯武成王庙前海州张家、皇建院前郑家最盛，每家有五十余炉。"

卓花，做成花纹。

五十个大饼炉子，简直是巍巍壮观！北宋东京的早晨，薄雾茫茫，"风乍起，吹皱一缕炉烟"，陈寅恪先生曰："吾中华文化，历数千载之演进，造极于赵宋之世！"予生也晚，不敢揶揄。

五十个大饼炉子，"造极于赵宋之世"！

[注1] 新林案：《梦粱录》馔食、点心的名称，要参佐《武林旧事》等书，方能句读无误。"馅"类点心，参见本书《馅中有馅》。《武林旧事》卷六"蒸作从食"条含：春茧、大包子、荷叶饼、芙蓉饼、细馅、生馅、薄皮、枣餬、月饼、俺子、炙焦。《东京梦华录》"七夕"条："又以油麦糖蜜造为笑餍儿，谓之果食。"

[注2] 新林案："春节"，辛亥革命后始有其名。古时称"年节"，《东京梦华录》："正月一日年节。"又称"元旦""新年"，《梦粱录》："正月朔日，谓之元旦，俗呼为新年。"朔日，月之始日。正月朔日，即正月一日（正月初一）。

[注3] 新林案：日本早稻田大学馆藏《本草纲目》祖本（1596年金陵胡承龙刻本），作"葱、蒜、韭、蓼、蒿、芥"，疑"蒿"为衍字。

[注4]《上海通志·大事记》："1954年3月1日，全市行业、

居民用食用油开始按计划实行凭票定量供应。""1993 年 4 月 1 日，全市取消粮油供应票证。至此，所有的副食品供应票证全部取消。"

［注5］《东京梦华录》，两宋间人孟元老著。新林案：孟元老非常详实地缅想追述北宋都城东京开封府的布局、景观、民俗、风物，特别着墨于东京饮食，细到店名、菜名等，是我国城市社会文学作品的开山之作，极具历史文化价值。其对东京饮食的记录，在中国饮食文化史上有着非常重要的地位。伊永文先生历经二十多年的研究，著作《东京梦华录笺注》，是国内注释《东京梦华录》的最权威版本。〔文案〕，指伊永文自己的判断和解释。

汤的演变

汤，一开始并非用来喝，而是用来足浴。我一点不吹你牛，《礼记·玉藻》："浴用二巾，上绤下绤。出杅，履蒯席，连用汤。"[注1]

古人讲究得很，上下浴巾分开（"绤"是细葛布，"绤"是粗葛布）。"杅"，浴盆。"履蒯席"，踏在不滑的蒯席上。"连用汤"，望文而生义，连喝几碗汤。

郑注与孔疏，今人难以理解，清大学士鄂尔泰《日讲礼记解义》："杅，浴盘。蒯席，蒯草席也。连读为涑，沃洗之也。出浴盘，先履蒯席之上，以汤洗足垢。"鄂氏注释，其意甚达。蒯席粗涩，用脚猛蹭，汤水一冲，足垢自然而去。

《说文》："汤，热水也。"至少汉朝前，没人会喝这种汤！

那喝什么？饮。"连用汤"后面紧跟一句："履蒲席，衣布晞身，乃屡进饮。"晞（xī），干也。洗好澡，踏在柔软的蒲席上，"以布干洁其体而衣，乃着屡而进饮"（鄂尔泰注）。

饮，《礼记·玉藻》："五饮：上水，浆、酒、醴、酏。"醴（lǐ），甜酒；酏（yǐ），薄粥。水为上，余其次之。喝水最解渴，其余皆下品。说到洗澡，不由想起从前上海的混堂，有泡脚（"连用汤"），有擦背，有凉饮（"进饮"），有慵懒的舒躺！

"连用汤"不能再展开了，会败坏读者的兴致。

汤，到了魏晋，也还是汤，晋张华《博物志·杂说》："人以冷水自渍至膝，可顿啖数十枚瓜；渍至腰，啖转多；至颈，可啖百余枚。所渍水皆作瓜气味。此事未试。人中酒醉不解，治之，以汤自渍即愈，汤亦作酒气味也。"渍，浸泡。

前记以冷水自渍啖瓜，后述以热水自渍（"以汤自渍"）醒酒。这个醒酒的"汤"，也没人愿意喝！

汤，至南北朝，忽有新意，可以喝了！南朝梁宗懔《荆楚岁时记》："正月一日……鸡鸣而起，先于庭前爆竹，以辟山臊恶鬼。长幼悉正衣冠，以次拜贺。进椒柏酒、饮桃汤。"

饮桃汤，识字的都能明白：桃汤是喝的。隋杜公瞻注："桃者，五行之精，厌伏邪气，制百鬼也。"

"制百鬼也"，段成式（803—863）谈吃，天下第一；讲鬼故事，无人能比！《酉阳杂俎·壶史》："秀才权同休友人，元和中落第，旅游苏、湖间。遇疾贫窘，走使者本村野人，雇已一年矣。疾中思甘豆汤，令其取甘草。雇者久而不去，但具火汤水。秀才且意其怠于祗承，复见折树枝盈握，仍再三搓之，微近火上，忽成甘草，秀才心大异之，且意必有道者。良久，取粗沙数掊接捋，已成豆矣。及汤成，与饮无异，疾亦渐差。"

"元和"，唐宪宗年号（806—820）。"苏、湖间"，苏州、湖州一带。"走使"，随身差遣、雇佣。秀才在病中"思甘豆汤"，雇佣只顾生火烧开水。秀才料想雇佣懒怠于侍候（"怠于祗承"），转而见其搓枝近火，"忽成甘草"。又"粗沙挼挼"，已成豆矣。待汤做成，和甘豆汤一样，病也就慢慢好了（差，病除）。

前一汤（"具火汤水"），是热水；后一汤（"及汤成"），是甘豆汤。

宋朝是被陈寅恪称为"华夏民族之文化，历数千载之演进，造极于赵宋之世"的伟大朝代！这个时期，汤变得更有味了。"客来敬茶，客走敬汤"，是北宋皇帝招待翰林侍读学士的客礼，叶梦得《石林燕语》载："今讲读官初入，皆坐赐茶，唯当讲时起就案立，讲毕复就坐，赐汤而退。侍读亦如之。盖乾兴之制也。"乾兴，真宗年号，仁宗十二岁即位沿用。

蔡京季子蔡絛，提及此事，叙述更详，《铁围山丛谈》："国朝仪制：天子御前殿，则群臣皆立奏事，虽丞相亦然。后殿曰延和、曰迩英，二小殿乃有赐坐仪。"又曰："迩英之赐坐而茶汤者，讲筵官春秋入侍，见天子坐而赐茶乃读，读而后讲，讲罢又赞赐汤是也。他皆不可得矣。"

皇帝赐的茶，当然是高级茶。北宋既然造极，茶品自然也极造，"龙团凤饼，名冠天下"（宋徽宗《大观茶论》）是也。皇帝赐的汤，似乎不那么高级，叶梦得和蔡絛都懒得提。

"来茶走汤"的礼制，后来渐及民间，朱彧《萍洲可谈》所记最详："茶见于唐时，味苦而转甘，晚采者为茗。今世俗客至则啜茶，去则啜汤。汤取药材甘香者屑之，或温或凉，未有不用甘草者，此俗遍天下。"

由文中可知，"取药材甘香者"有益身心；"或温或凉"非"热"，汤已非热水也；甘草，《本草纲目》："【释名】〔弘景曰〕此草最为众药之主，经方少有不用者，犹如香中有沉香也。〔甄权曰〕诸药中甘草为君。【集解】〔苏颂曰〕今甘草有数种，以坚实断理者为佳。其轻虚纵理及细韧者不堪，惟货汤家用之。"

弘景指陶弘景，南朝梁医药家。甄权，唐朝医家。"众药之主""甘草为君"，凸显甘草地位。末一句最重要："惟货汤家用之。"苏颂，北宋宰相、多领域博学大家。"货汤家"即卖汤的店家，虽用"不堪"之品，但甘草再劣，至少能解渴！

南宋吴自牧《梦粱录》"铺席"条载："向者杭城市肆名家有名者，如中瓦前皂儿水，杂货场前甘豆汤、戈家蜜枣儿，官巷口光家羹。"以前（"向者"）杭州城有名气的店家，排在第二的是"杂货场前甘豆汤"（甘豆汤沿袭段成式唐制）。

北宋时期的汤，以养生汤为主。到了南宋，汤分二路：一路依然为养生汤，一路为现代意义上的汤。"杂货场前甘豆汤"属于前者。

吴自牧的《梦粱录》追忆了南宋都城临安的城市风貌，在编撰体例和叙述方式上，沿承北宋孟元老的《东京梦华录》。在饮食纪录特别是菜名上，《梦粱录》有过之而无不及。

《梦粱录》中记载的饮食名称，许多是历史上首次出现，如

"月饼"。吴自牧更是把"羹汤"并提的中国第一人！

卷十二"湖船"条："湖中南北搬载小船甚夥，如撑船卖买羹汤、时果。"又，卷十六"面食店"条："更有专卖诸色羹汤、川饭，并诸煎肉鱼下饭。"又，卷十六"鲞铺"条："杭州城内外，户口浩繁，州府广阔，遇坊巷桥门及隐僻去处，俱有铺席买卖。盖人家每日不可缺者，柴米油盐酱醋茶。或稍丰厚者，下饭羹汤，尤不可无。虽贫下之人，亦不可免。"

"下饭羹汤，尤不可无"！

真正现代意义上的汤，出现在《梦粱录》的文字里，卷十三"夜市"条："又有担架子卖香辣罐肺、香辣素粉羹、搊肉细粉、科头、姜虾、海蜇鲊、清汁田螺羹、羊血汤、糊齑海蜇螺头、齑馉饨儿、齑面等，各有叫声。"

古文没有句读，吴自牧一挥而就的馔食品名，给后世的美食爱好者和研究者，带来诸多悬疑。（案：《梦粱录》是从古到今馔食品名最多的书，断句和释意极难，至今无人能完全断释全书。）

南宋距今约八百年，《梦粱录》在经史子集中仅属于"史类"的"杂记之属"，其地位决定了版本的稀少。世存五个珍本：《学津讨原》《知不足斋丛书》《武林掌故丛编》《学海类编》《四库全书》。

"糊齑海蜇螺头"的馔名，在《梦粱录》里出现过三次：①卷十二"湖船"条："更有卖鸡儿、糊齑海蜇螺头及点茶、供茶果婆嫂船，点花茶、拨糊盆泼水棍小船，渔庄岸小钓鱼船。"②卷十三"夜市"条，见前文；③卷十六"分茶酒店"条："又有托盘檐架至酒肆中，歌叫买卖者，如炙鸡……灌燠鸡粉羹、科头、擸鱼肉细粉、小素羹、灌肺羊血、糊齑海蜇螺头、辣菜饼、熟肉饼、鲜虾肉团饼、羊脂韭饼。"

以①②③相互参佐，毫无疑问，"糊齑海蜇螺头"为一种独立馔品，齑（jī）是碎腌菜，齑又作齏，繁体作韲，韲又同"齏"，故齑、齏、韲、齏一也。《梦粱录》的世存版本，无一例外，均在"齑"字上误笔［注2］。

齑、齏、韲、齏这四个字，古人是一笔一画写（刻印）出来的，眼神再好，少一笔多一笔都难免。

《梦粱录》的原文已消失在历史的长风里！留下的只是这些馔品的名称。前有"清汁田螺羹"护卫、后有"糊齑海蜇螺头"保驾的"羊血汤"，是历史上首次出现的"现代"汤。这三个字意义深远……

从此，中国人走向了吃饭喝汤的时代！

［注1］汉郑玄注、唐孔颖达疏《礼记正义》："浴用二巾，上绤下绤。出杅，履蒯席，连用汤。"绤（chī），绤（xì），杅（yú），蒯（kuǎi）。郑注："杅，浴器也。蒯席澀，便于洗足也。连，犹释也。"孔疏："'出杅'者，杅，浴之盆也。浴时入盆中浴，浴竟而出盆也。'履蒯席'者，履，践也。蒯菲草席澀，出杅而脚践履澀草席上，刮去垢也。'连用汤'者，连，犹释也。

言释去足垢而用汤阑也。"新林案：澁，古同"涩"，粗涩也。

[注2] 新林案："糊斋海蜇螺头"之"糊斋"，①卷十二"湖船"条，《学津讨原》《知不足斋丛书》《武林掌故丛编》本作"湖澀"，《学海类编》本作"湖艦"，《四库全书》本作"湖澀。②卷十三"夜市"条，《学津讨原》本作"猢澀"，《知不足斋丛书》《武林掌故丛编》本作"胡澀"，《学海类编》本作"糊斋"，《四库全书》本作"糊澀"。③卷十六"分茶酒店"条，《学津讨原》《知不足斋丛书》本作"糊薑"，《武林掌故丛编》本作"糊薑"，《学海类编》《四库全书》本作"糊斋"。

不撤姜食

子曰："不撤姜食，不多食。"子曰一个字，世释万言书。予简而言之：饭必食姜，不多吃。

李时珍说生姜"可蔬可和可药"，和即调和，作调料用。"姜食"无疑为蔬，有人惊诧，"晚上吃姜赛砒霜"，万万不可！不可个屁，想死得干脆痛快的人多着呢！恕我进过600号[注1]，见多识广。喝着小酒、就着姜食安乐死，天下哪有这等好事！

深秋的某日傍晚，云蒸霞蔚，映红天际，望之出神。兄弟微信：已"闪送"一箱阳澄湖大闸蟹。晚霞渐消渐没，"闪送"到货，开箱取蟹，个个敦壮。洗刷冲淋，蒸食其上。转身找姜。

我册那[注2]！居然无生姜，没姜吃啥蟹？李时珍曰："诸蟹性皆冷。鲜蟹和以姜醋，侑以醇酒，咀黄持螯，略赏风味。"蟹性冷，姜性热，醋佐味。蒸蟹蘸食姜醋，极味得至绽放！

从六楼直下一楼（没电梯）。冲到小菜场，关门。冲进小超市，没有。垂头丧气回家，想起小辰光，隔壁邻舍借姜送葱，稀疏平常。如今可好，居此十多年，不进邻居门。

从一楼爬到六楼，内心升腾抑制不住的欲望——想敲开女邻居家的门。

内子开门，脸上微笑，手拎塑料小包朝我晃。噢、耶！我的中药，我的中药里的干姜，成全了大闸蟹的美味，虽然其味不如生姜。

姜有嫩老之别。姜，大名生姜，《本草纲目》"生姜"条："初生嫩者其尖微紫，名紫姜，或作子姜。宿根谓之母姜也。"干姜别出，炮制为药，"干姜以母姜造之。凡入药并宜炮用"。

姜有种类之分。生姜、高良姜、山姜、廉姜、山柰、姜黄，均为芭蕉目姜科植物，目啊科啊我真不懂，网上抄的呗！

年纪渐老，电视只看些纪录片，《风味人间·香料歧路》："以潮汕为代表的'南派卤水'，色泽绛红，又叫红卤。高良姜，为南卤指引方向。这种姜，辛香味厚，辣中带着甜涩，是南卤区别于其他各地卤味的标志性风味。"南派指的是广东地区，不包括上海。如今沪上各大饭店，卤水拼盘皆为南卤。

《本草纲目》："高良姜【释名】蛮姜，子名红豆蔻。"李时珍简明扼要，仅用十字（"蛮"用得不好，带着点歧视）。高良姜很好解释的嘛！

非常不巧，又看了个纪录片，《风味原产地·潮汕》："在中国，各地都有自己卤制食物的方法，口味虽有不同，但配料十分相似。唯独潮汕人会在卤水中加入南姜。正是南姜复杂又稳定的香味，让潮汕卤水拥有了极高的辨识度。"

毋庸置疑，《风味人间》之"高良姜"＝《风味原产地》之"南姜"，但历代笔记、《本草》皆无"南姜"，高良姜倒是有记载。

清初博物家屈大均《广东新语》："高良姜，种自高凉故名。不曰凉者，言为姜之良也。其根为姜……子入馔，未拆开者曰含胎，以盐腌入甜糟中，终冬如琥珀，味香辛可脍。"

予曾在《蝤蛑螯然》一文中云"刘恂《岭表录异》记载唐朝岭南地方以广东为主的珍奇草木鱼虫鸟兽，清屈大均《广东新语》一脉相传"。

逆向寻记，《岭表录异》："山姜花，茎叶即姜也，根不堪食。而于叶间吐花穗，如麦粒，嫩红色。南人选未开拆者（谓之含胎），以盐腌藏入甜糟中，经冬如琥珀，香辛可重用，为脍无加也。"

《广东新语》的确做到了"一脉相传"——后半段几乎一模一样！

所不同者二，前者"高良姜"后者"山姜"；前者为"子"后者乃"穗"，子，实也；穗，秀也。孔子所谓"秀而不实者"（只开花而不结果），秀即穗，实即子。

"以盐腌藏入甜糟中"，《岭表录异》选开花的"穗"，《广东新语》择结果的"子"。一边是唐朝人，一边是清朝人，予左右为难，不知哪个对。有没有帮忙的？

有！清封疆大吏、植物学家吴其濬 [注3]。

《植物名实图考长编·卷十二·芳草》"高良姜"条，先引《岭表录异》，再引《南越笔记》（案：实乃《广东新语》

［注4］），最后重重一按（按语）："《岭表录异》所云山姜即高良姜。春末夏初开花成穗，淡红色，如麦粒。其根硬瘠多节，江西俗呼连环姜。"

《长编》"高良姜"条，吴其濬考文多达742字，的确够长。高良姜很不好解释的嘛！

凭借八年校看历代笔记（饮食部分，包括历代《本草》、历代《州县志》等）的经验，予决定先查《广东植物志》，"红豆蔻，别名：大高良姜。株高达2米，根茎块状，稍有香气"。

"大高良姜"突然出现，把我吓一跳！再查，咦，"高良姜""山姜"也有。高良姜除前句"株高40～110厘米，根茎延长，圆柱形"，后面都是"生物学术语言"，叫我如何看得懂！

予大学专业是计算机程序及应用，并非生物学。程序，即程式进步序顺（犹经书之"正义"、司法之"程序正义"），程序要每一步走通。从《广东植物志》走通程序第一步，最后查到《中药大辞典》《中华本草》，二著亦有"大高良姜""高良姜""山姜"。

《中药大辞典》的大高良姜、高良姜、山姜正名和异名，与《中华本草》完全相同［注5］。

大高良姜【异名】之一：山姜。

山姜【异名】之一：高良姜。

高良姜【异名】之一：良姜。

整整二天，这些姜名把我看得团团转。正名、异名让予如入云里！（有兴趣者可仔细研究。）紧要关头，二著"高良姜"【异名】之"小良姜（《中药志》）"，触动了我的第六感："小良姜""《中药志》"是关键！

中国医学科学院药物研究所主编的《中药志》，1959年初版，1979年再版。毫不犹豫上旧书网站一口气高价买下第一、二、三册（植物类）。订单、等书（快递二天后到）。

第二天闲着没事，上网查高良姜的出产地，查了半天，跳出一条关键信息："据《宋史》卷九十地理志记载：'徐闻、遂溪贡良姜，元丰贡斑竹。'可见，徐闻良姜非同一般，早在九百多年前，徐闻的野生良姜就被定为宋代进献朝廷珍贵的贡品。"

徐闻、遂溪，闻所未闻，但二县在古代很有名。下午，又查出一条："徐闻县种植良姜的历史悠久，据《宋史》和《广东通志》、清《徐闻县志》所记载：徐闻良姜在宋代就已是皇宫贡品。"

得此线索，程序走通关键一步，清雍正《广东通志》："开元中岭南有调有贡（崖钦二州高良姜）。"开元，唐玄宗年号。"崖钦"，崖州（三亚）及钦州，广东统辖。又："元丰中再酌任土之贡（化州银、高凉姜，雷州良姜，钦州、吉阳军良姜）。"元丰，北宋神宗年号。化州，今隶茂名；雷州，旧辖徐闻、遂溪等县；吉阳军，《宋史·地理志》："吉阳军，本朱崖军，即崖州。"

唐朝崖钦二州"高良姜"，即北宋化州"高凉姜"、雷钦崖三州"良姜"。有官修州志和正史垫底，吃了颗定心丸，只待明天的《中药志》。

睡个好觉。翌日一早，快递送到。真相大白！

《中药志》："高良姜【别名】良姜、小良姜（广东、广西）。多年生草本，高 30～120 cm。【药材及产销】主产广东湛江地区（徐闻、海康）。……除药用外，大量用作调味料。【药材鉴别】性状鉴别：根茎呈圆柱形，多弯曲，有分枝。"海康县，今雷州市，古隶雷州 [注6]。

"【附注】大高良姜。其果实称红豆蔻或红叩。历史上亦曾作高良姜用。不过《图经本草》、《开宝本草》、《证类本草》、《本草品汇精要》都把红豆蔻与高良姜分开而《本草纲目》则将红豆蔻并入高良姜条。清代吴其濬虽疑之 [注7]，但其《植物名实图考》的高良姜图仍依云南所得实物大高良而绘。"

《中药志》确认"《本草纲目》则将红豆蔻并入高良姜条"为错！！！

李时珍不会想到四百年后，有个叫芮新林的小作者，行吃喝之名义，搞中药的名号。中国的历史，以文字盖棺。中国的文化，以文字定论，子曰"必也正名"：

大高良姜，果实红豆蔻；高良姜，"根茎呈圆柱形，多弯曲，有分枝"（《中药志》），"其根硬瘠多节，江西俗呼连环姜"（《植物名实图考长编》），"【别名】良姜、小良姜"（《中药志》），"【释名】蛮姜"（《本草纲目》）。

"蛮姜"到了民国[注8]，不合时代潮流，终改其名为"南姜"！

[注1]600号：上海市精神卫生中心，宛平南路600号，简称"600号"。原名"上海市精神病防治院"，老早被称为"神经病医院"。上海人的语境，"进过600号"，非癫即呆。新林案：在上海的人请切记：我可以说我"进过600号"，你不能说我"进过600号"！

[注2]"册那"：沪语中的发泄词，多数用来表达情绪、强化语气。

[注3]汪子春《中国古代生物学》："吴其濬，河南固始人。自幼喜爱植物，立志'经世致用'。1817年状元。""1840—1846年间，他历任湖南、浙江、云南、山西等地巡抚。作为封疆大吏……竭尽公余全部精力，撰写成《植物名实图考》和《植物名实图考长编》两本巨著。"

[注4]新林案：《广东新语》刊刻不久即被禁（参见本书《蒲鱼如盘》注1），百年后被抄袭大家李调元倾囊而入其《南越笔记》，"高良姜"篇亦在内。周作人《苦竹杂记》："李雨村辑《南越笔记》十六卷，多抄《新语》原文。"

[注5]《中药大辞典》，1977年7月第1版，南京中医药大学编著。《中华本草》，1999年9月第1版，总编审南京中医药大

学。①大高良姜（《广西药用植物名录》）："【异名】大良姜（《广西中药志》），山姜、良姜（《广西中草药》）。"②山姜（《本草拾遗》）："【异名】和山姜（《湖南药物志》），九姜连（《峨眉药用植物》），姜叶淫羊藿、九龙盘（《贵阳民间药草》），姜七、高良姜、鸡爪莲（江西《草药手册》）。"③高良姜（《别录》）："【异名】高凉姜（《岭表录异》），良姜（《局方》），蛮姜（《纲目》），小良姜（《中药志》），海良姜（《药材学》）。"

[注6] 新林案：《证类本草·卷九》"高良姜"右二下"雷州高良姜"图（苏颂《本草图经》图），如吴其濬所曰"其根硬瘠多节"，亦如《中药志》所言"根茎呈圆柱形，多弯曲，有分枝"。

[注7] 吴其濬《植物名实图考长编》："李时珍以红豆蔻并入高良姜，但《桂海虞衡志》明云'此花无实，不与草豆蔻同种'。"范成大《桂海虞衡志》："红豆蔻花。丛生，叶瘦如碧芦，春末发。初开花先抽一干，有大箨包之，箨折花见。一穗数十蕊，淡红，鲜妍如桃杏花色。蕊重则下垂如葡萄，又如火齐缨络及剪彩鸾枝之状。此花无实，不与草豆蔻同种。每蕊心有两瓣相并，词人托兴曰比目连理云。"《本草纲目》："高良姜【集解】〔时珍曰〕按范成大《桂海志》云：红豆蔻花。丛生，叶瘦如碧芦，春末始发。初开花抽一干，有大箨包之，箨折花见。一穗数十蕊，淡红，鲜妍如桃杏花色。蕊重则下垂如葡萄，又如火齐璎络及剪彩鸾枝之状。每蕊有心两瓣，人比之连理也。其子亦似草豆蔻。"新林案：李时珍引文抹去"此花无实，不与草豆蔻同种"，增添"其子亦似草豆蔻"，如此则文理

通顺又不自相矛盾。李时珍在"高良姜"条的移花接木，是《本草纲目》的最大败笔！

[注8] 民国《潮州志·农业》："姜，有南姜、指姜二种。指姜因其形似手指，故名，俗又称稚姜。老者称姜母。"新林案：指姜即子姜，嫩姜也。另，本文写作历11天，《潮州志》的"南姜"，在第10天查到。

馅中有馅

我在三年前写过《汤饼不托》，"论述"了面条的起源，文章开首引用《归田录》"汤饼，唐人谓之不托，今俗谓之馎饦矣"，早期面条名称的演变，即汤饼（唐前）——不托（唐朝）——馎饦（北宋）。欧阳修是北宋文坛领袖，谈吃论喝乃微末小技，信笔一抹即留言千古。

"汤饼"之前还有一大段话。名垂青史的欧阳修，所著笔记体小说《归田录》，闻名遐迩，从宋至清，通行版本至少五种。最关键的文字，每版均不同［注1］。

且，居然每版皆错！堪称千古奇迹！有考据癖的，可详细研究。

五版择优，选"一"，曰："京师食店卖酸𩜹者，皆大出牌榜于通衢，而俚俗昧于字法，转酸从食，𩜹从舀。有滑稽子谓人曰：'彼家所卖馂馅（音俊叨），不知为何物也。'饮食四方异宜，而名号亦随时俗言语不同，至或传者转失其本。"

北宋京城卖"酸𩜹"的商户，挂出的牌子却是"馂馅"，故有人调侃：这家所卖不知为何物？滑稽子不知何物，欧阳修也打起太极："饮食四方异宜，而名号亦随时俗言语不同，至或传者转失其本。"

没人能把欧阳老从地下请起，于是留下了一个千古之谜！

"餕餡（音俊叨）"，括弧内为原注。餡，音叨（tāo），《康熙字典》："《集韵》他刀切。与饕同。"喜欢食文者，"饕"字皆认得。

训诂而言，"酸从食"转为"餕"——从义；"馦从臽"转为"餡"——从音。馦（xiàn）显然从臽，当转为"餡（xiàn）"！（案：参见［注10］，可佐理解。）

［注1］一、名"酸馦"，书"餕餡"。二、名"酸醶"，书"餕餡"。三、名"酸醶"，书"餕餡"。四、名"酸醶"，书"餕餡"。五、名"酸醶"，书"餕酩"。

一、二、三、四、五，全错！

欧阳修之前或之后，有没有①餕餡（tāo）②餕餡（xiàn）③酸餡（tāo）④酸餡（xiàn）或类似名称的馔食？

有！予至今校读历代笔记（饮食部分）过四百本，归类二百五十万原始文字，餕餡、餕餡、酸餡、酸餡都被我归在"餡（餡）"类。

北宋陶穀《清异录》载："阗阓门外，通衢有食肆，人呼为'张手美家'。水产陆贩，随需而供，每节则专卖一物，徧京辐辏。"徧，同"遍"。辐辏，意聚凑。这个"张手美家"可了不得，私房菜的祖宗，全京城人往他家蜂拥。"每节则专卖一物"，其中一馔：指天餕餡［注2］。

"指天餕餡"，舍我其谁！"倚天不出，谁与争锋"！

好不好吃，穀老没说。但至少：①"餕餡（tāo）"出现。

两宋间大家叶梦得所著《避暑录话》载："吴僧净端者行解通脱，人以为散圣。章丞相子厚闻，召之饭，而子厚自食荤，执事者误以馒头为餕餡置端前，端得之，食自如。子厚得餕餡，知其误，斥执事者而顾端曰：'公何为食馒头？'端徐取视曰：'乃馒头耶？怪餕餡乃许甜。'吾谓此僧真持戒者也。"

吴僧净端，通脱超凡，宰相章惇（字子厚）听闻，邀约吃饭。叶梦得佩服净端为"真持戒者"，文中涉及佛教深奥的"持律"，予不得其道，无从破译。但从文字"子厚自食荤""误以馒头为餕餡［注3］"，可知"餕餡"类似馒头，有馅。（案：宋朝的馒头都有馅。）②"餕餡（xiàn）"出现。

元无名氏《居家必用事类全集·庚集》"酸餡"条："馒头皮同，褶儿较粗，餡子任意。豆餡或脱或光者。"酸餡与馒头，皮同褶不同。无名氏干脆连"餡子"，一并误为"餡子"［注4］。③"酸餡（tāo）"出现。

予喜欢历代笔记的饮馔，但实在讨厌历代食谱，文字无趣且每字必校，真类女人的裹脚布。

《居家必用事类全集》裹着裹着又出现个精品小脚！《己集》"晒藤花法"条："盛开时摘，拣净，去蒂。盐汤洒拌匀。入甑蒸熟晒干。用作餕餡、馄饨、餃子等。素食餡极美，荤用尤佳。"从食谱中可知，"餕餡"包馅。

无名氏索性一"餡"到底：《庚集》有打拌餡、猪肉餡、熟细餡、羊肚餡、杂餡兜子、酸餡、七宝餡、菜餡、澄沙糖餡、豆辣餡，各"餡"食谱，内中之"馅"，一并作"餡"（参见［注4］）。

无名氏似乎不太有文化。元朝距今几何？至少六百五十年。一"餡"到今，这就是文化！

南宋朱弁《曲洧旧闻》："至崇宁中，卖餕馅者又有'一包菜'之语……而京于靖康初贬死于长沙。"宋徽宗崇宁（1102—1106）间，权相蔡京不得人心，卖餕馅［注5］者干脆改叫"一包菜"，暗喻蔡京肚内无货，仅菜而已，祸国殃民。果然，蔡京于靖康元年（1126）被贬岭南，途中死于潭州（湖南长沙）。

"一包菜"的餕馅，无疑乃素食。予归类的"馅（餡）"类食品，仅二十三条，竟有两条与蔡氏父子相关！

蔡京季子蔡絛，诗文俱佳，《铁围山丛谈》卷五记载，一僧人道楷临死前："招聚大众曰：'汝等偕来，尝吾大酸餡［注6］。'食竟，独入深山，久不出。众往视之，坐石上，已跏趺而化矣。"④"酸餡（xiàn）"出现。

宋僧似乎对"酸餡"情有独钟，素的嘛！那鲁智深吃啥？南宋吴自牧《梦粱录》"荤素从食店"条："且如蒸作面行，卖四色馒头……蟹肉馒头、肉酸餡［注7］。"酸餡是素点，"肉酸餡"则为荤食。鲁智深大声喝道："你且卖半打肉酸餡与俺！"

《梦粱录》在编撰体例和叙述方式上，无不延承孟元老的

《东京梦华录》。许多馔食，亦一脉相承。甚至有的段落，内容相差无几。《梦粱录》"解制日（中元附）"条："亦有卖转明菜花、花油饼、酸馅、沙馅、乳糕、丰糕之类。"[注8]《东京梦华录》"中元节"条："又卖转明菜花、花油饼、馂𩜶、沙𩜶之类。"[注9]

从条目上，可关联之：酸馅＝馂𩜶，沙馅＝沙𩜶。

这个"𩜶"字，《说文》无有，解字的人与欧阳修有关。据欧阳修（1007—1072）自序，《归田录》成书于治平四年（1067），卷一载："故参知政事丁公（度）、晁公（宗悫）往时同在馆中，喜相谐谑。"括弧内为自注。从文中得知，欧阳修尊称丁度为"公"，且与之交好，"喜相谐谑"，志趣颇类。

丁度（990—1053）的年龄、学识和为人，都配得上欧阳修的尊重。宋仁宗景祐四年（1037），丁度奉诏刊修《集韵》，越二年完稿，比《归田录》早28年。

《集韵·陷韵》："𩜶，饼中豆。"后面紧跟一解："馦，饼中肉。"既为"陷韵"，则𩜶、馦同音，读 xiàn。"饼中豆""饼中肉"都是饼中有"馅"。欧阳修曰"名号亦随时俗言语不同，至或传者转失其本"，传者一转，馦是馅，𩜶亦是馅[注10]。

"馅（䭀）"这种包馅小食，至南宋末，达到巅峰，周密《武林旧事》"蒸作从食"条："子母茧、春茧、大包子……大学馒头、羊肉馒头、细馅、糖馅、豆沙馅、蜜辣馅、生馅、饭馅、酸馅、笋肉馅、麸葷馅、枣栗馅……诸色馂子、诸色包子、

诸色角儿、诸色果食、诸色从食。"[注11]

"细馅、糖馅、豆沙馅、蜜辣馅、生馅、饭馅、酸馅、笋肉馅、麸蕈馅、枣栗馅"与"大包子、诸色包子"及"大学馒头、羊肉馒头"并列，显然是独立的"馅（餡）"类小吃。

《武林旧事》与《梦粱录》，同属追忆南宋都城临安城市风貌的著作。

随着大宋的逝远，北宋都城东京和南宋都城临安以及"馂馣（酸馅、酸餡）"这种独特的小吃，均淹没在历史的长河里。

《东京梦华录》是"梦"，《梦粱录》亦是"梦"。

"休言万事转头空，未转头时皆梦"！

[注1]一、宋周必大辑《欧阳文忠公集·归田录》涵芬楼元刻本："京师食店卖酸馣者，皆大出牌榜于通衢，而俚俗昧于字法，转酸从食，馣从臽。有滑稽子谓人曰：'彼家所卖馂馣（音俊叼），不知为何物也。'饮食四方异宜，而名号亦随时俗言语不同，至或传者转失其本。"新林案：文中所误及解释见正文。

二、明陶宗仪辑《说郭一百二十卷·归田录》："京师食店卖酸醶者，皆大出牌榜于通衢，而俚俗昧于字法，转酸从食，馣从臽。有滑稽子谓人曰：'彼家所卖馂馣，不知为何物也。'"新林案：前"酸醶"，后"馣从臽"，"馣"字何来？误！《四库提要》："盖郁文博所编百卷，已非宗仪之旧，此本百二十卷，为国朝顺治丁亥姚安陶珽所编，又非文博之旧矣。"

三、明商濬辑《稗海》本《归田录》："京师食店卖酸醶者，皆大出牌榜于通衢，而俚俗昧于字法，转酸从食，醶从臽。有

曲终人不散　　55

滑稽子谓人曰：'彼家所卖馂馅（音俊陷），不知为何物也。'"
《汉语大字典》："醶jiǎn，卤水。"又："陷xiàn，同'陷'。"新
林案：醶（jiǎn），音不从舀，误！

四、清张海鹏辑《学津讨原》本《归田录》："京师食店卖
酸醶者，皆大出牌榜于通衢，而闾俗昧于字法，转酸从食，醶
从舀。有滑稽子谓人曰：'彼家所卖馂馅（音俊陷），不知为何
物也。'"新林案：醶（jiǎn），音不从舀，误！

五、文渊阁《四库全书》1036 册《归田录》："京师食店卖
酸醶者，皆大出牌榜于通衢，而闾俗昧于字法，转酸从食，醶
从舀。有滑稽子谓人曰：'彼家所卖馂䣺（音俊陷），不知为何
物也。'"新林案：䣺，《康熙字典》《汉语大字典》无此字。

[注2] 陶穀《清异录》，新林案：明陈继儒辑《宝颜堂秘笈》、
文渊阁《四库全书》本，均作"指天馂馅"；清李锡龄辑《惜
阴轩丛书》本，则作"指天馂馅"。

[注3] 叶梦得《避暑录话》，新林案：明毛晋辑《津逮秘书》、
清《学津讨原》、文渊阁《四库全书》本，均作"馂馅"；明
《稗海》本则作"馂馅"。

[注4] 元无名氏《居家必用事类全集》，新林案：《南京图书馆
珍藏》明隆庆二年飞来山人刻本、《北京图书馆珍藏》明刻本，
《庚集》均作"酸馅""馅子"以及各种"馅"；《己集》"晒藤
花法"条均作"馂馅"。

[注5] 朱弁《曲洧旧闻》，新林案：明陶宗仪辑《说郛一百
卷》、清《学津讨原》、文渊阁《四库全书》本，均作"馂馅"；

清鲍廷博父子辑《知不足斋丛书》本作"餕馅"。

[注6]蔡绦《铁围山丛谈》，新林案：清《知不足斋丛书》、《学海类编》、文渊阁《四库全书》本，均作"酸馅"。

[注7]吴自牧《梦粱录》"荤素从食店"条，新林案：清《学津讨原》《知不足斋丛书》《学海类编》及文渊阁《四库全书》本，均作"肉酸馅"；《武林掌故丛编》本，作"肉䭔馅"。

[注8]吴自牧《梦粱录》"解制日"条，新林案：《学津讨原》《武林掌故丛编》《学海类编》及文渊阁《四库全书》本，均作"酸馅、沙馅"；《知不足斋丛书》本，作"酸馅、沙馅"。

[注9]孟元老《东京梦华录》，新林案：日本《静嘉堂文库》元本、明《秘册汇函》《津逮秘书》及清《学津讨原》、文渊阁《四库全书》本"中元节"条，均作"餕镰、沙镰"。

[注10]南宋戴侗《六书故》："馅，饼中肉也。（又作镰、镰……欧公《归田录》言：'京师卖酸镰者，俚俗误书为酸馅。滑稽子谓为俊叨。'盖不知馅之从臽，而误从臽也。）"新林案："盖不知馅之从臽，而误从臽也"确如也，当为戴氏言。并参见注1。

　[注11]周密《武林旧事》"蒸作从食"条，新林案：明《宝颜堂秘笈》、清《知不足斋丛书》本皆作"馅"，文渊阁《四库全书》本作"馅"。

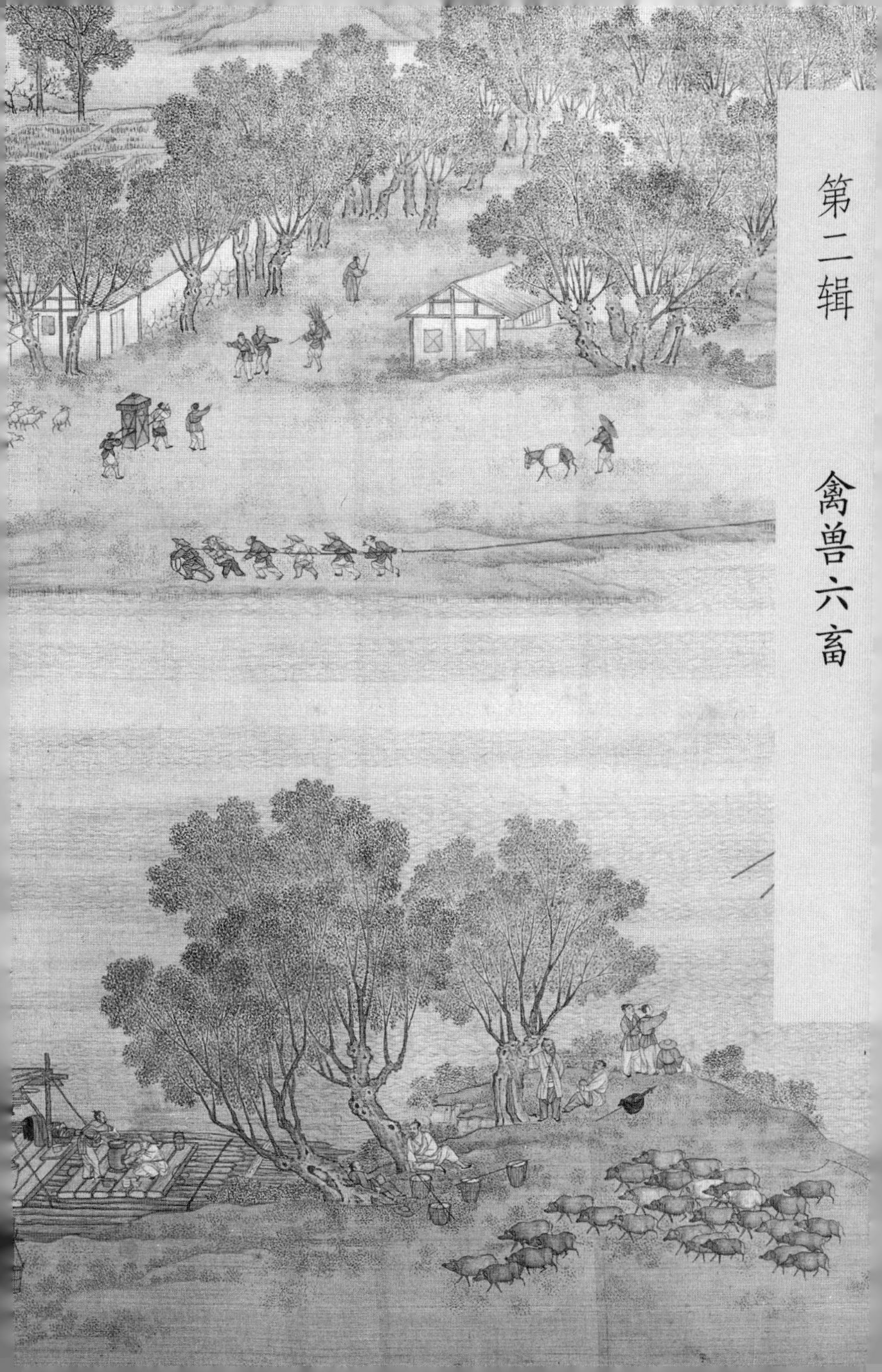

第二辑 禽兽六畜

似鹿非鹿

中国文字的奥妙，以一"鹿"窥斑见豹，麎、麞、麂、麝、麕、麖、麚等，均似鹿非鹿。

元陈大震纂《大德南海志》"兽"条："象，虎，豹，狼，鹿，麞，麖，麎，麂，野猪，獭，猿猴，竹䶉，倒鼻，豪猪，刺猬，穿山甲，香狸，白面䨲，金钱狸，鼠狼，白鼠，豺，羚羊，熊，猩猩，麚。"南海指广州。倒鼻，金丝猴；白面䨲，即玉面狸（果子狸）。

鹿、麞、麖、麎、麂、麚，几乎包罗鹿科动物，可惜每"鹿"一字，无一条解释。《本草纲目》且仅鹿、麎、麂、麞、麝五"鹿"。三年前，予写过《麝獐之香》，獐子即麞，一麝香远，一麞味美；又作文《鹿身全宝》，鹿血鹿茸补身，鹿唇鹿尾美味。

麂，《本草纲目》："麂【释名】〔时珍曰〕麂味甘旨，故从旨。【集解】〔颂曰〕南人往往食其肉，然坚韧不及獐味美。其皮作履舄，胜于诸皮。〔时珍曰〕脚矮而力劲，善跳越。皮极细腻，靴、袜珍之。"颂指苏颂，北宋宰相、博物大家。

麂，俗称麂子，腿细有力，善于跳跃，皮极细腻。其味如何？"然坚韧不及獐味美"，清顾彩《容美纪游》："麂如鹿，无角而头锐，连皮食之，惜厨人不善烹饪。"善于跳越，则肌健肉韧，买个高压锅，皮化肉软，其味一定绝佳！

至于麋鹿，古人早在三千年前已食之，《周礼·庖人》："庖人掌共六畜、六兽、六禽，辨其名物。"庖人指掌理膳馐的官员。郑玄引郑司农注曰"六兽，麋、鹿、熊、麢、野豕、兔"[注1]，郑司农指东汉初年经学家郑众，后世习称先郑（以别汉末大儒郑玄）。

郑玄对一麋一鹿，显然无异议，但坚决不说两兽相貌之差别、味道之异趣，以致后世的历代笔记，一涉及"麋""鹿"必跟之。麋鹿犹如鲟鳇（参见拙文《有鲟有鳇》，收入《古人的餐桌·第二席》），古人分不清，干脆前麋后鹿，能混则混。

东晋葛洪《神仙传》"墨子"条："楚有云梦，麋鹿满之，江汉鱼鳖，为天下富。"[注2] 北宋洪皓《松漠纪闻》载："盲骨子，其人长七八尺，捕生麋鹿食之。"南宋周密《癸辛杂识》"大打围"条："获兽凡数十万，虎狼、熊罴、麋鹿、野马、豪猪、狐狸之类皆有之。"罴，棕熊。元周致中《异域志》"扶桑国"载："人无机心，麋鹿与之相亲，人食其乳则寿罕疾。"

古代又没有标点符号，谁知道他们说的是麋还是鹿！

能混则混的麋与鹿，混到清朝，混出了"麋鹿"——四不象，清人学者官员西清（鄂尔泰曾孙）《黑龙江外记》载："高宗八旬万寿，将军副都统进呈贡物，有鹤有鹿有马，有堪达汉有四不像，有貂鼠有灰鼠，皆沿途谨饲以进。"清高宗，乾隆皇帝。

四不像是别名，学名麋鹿。四不像：尾似马、蹄似牛、角似鹿、颈似驼。清姚元之《竹叶亭杂记》："麈即今之四不像也，似鹿非鹿，似麋非麋。其角可为决，时所称堪达罕（平声）也。"决，射箭用的扳指。

这条记录，又出来麈（zhǔ）、麋（páo）、堪达罕（满文，即西清之"堪达汉"），沈括《梦溪笔谈》："北方戎狄中有麋、麋、麈。"大科学家没有解释麋、麈为何物。

麋即狍子，学名矮鹿，绰号傻狍子。打过狍子的猎人，都知道它傻傻的，见过狍子的旅人，都知道它萌萌的。其味何如？《黑龙江外记》："麋皮不挂霜而毛易落，故服者尝少，率连之为车帷。其肉则御冬美味！"麋皮不佳，麋肉味美。

西清"有堪达汉有四不像"，明确四不像非"堪达罕"，姚氏误也。清封疆大吏、纪晓岚弟子赵慎畛《榆巢杂识》"卷上"载："索约尔济等地方（此地近吉林）有兽，名'堪达罕'，鹿类。色苍黑，项下有肉囊如繁缨，大者至千余斤。"繁缨，垂于马胸的一束束饰物（腹带颈革），"项下有肉囊如繁缨"，道出此兽项下有悬肉。

非常奇怪，赵慎畛在"卷下"又记："堪达汉，国语'马樊□'也，是兽项下悬肉相似，故名。出黑龙江山中，性喜水，行水则速，行山返迟。似鹿而大，其角可作射鞢，色如象牙，而坚白胜之。鞢间环以黑章一线，即角中之通理，以点细密而匀正者为最。"

注意，后"汉"非前"罕"。赵氏之"鞢（shè）"，即姚氏之"决"，射箭时戴在手上的扳指。马樊□，后缺一字。

感觉有问题！查了半天，找到一书，清大学士阿桂等奉敕所纂《钦定满洲源流考》〔成书于1777年，赵慎畛（1761—1825）〕，开首一言："堪达汉出黑龙江，似鹿而大，其角可作射鞢，色如象牙，而坚白胜之。鞢间环以黑章一线，即角中之通理，以点细密而匀正者为最。"文字与赵慎畛的后记，几乎一模一样！

阿桂再续一笔："鹿中绝有力，颀然垂胡，固以樊缨比。（堪达汉，国语'马樊缨'也，是兽项下悬肉相似，因以得名。）"毫无疑问，赵氏之"马樊□"即"马樊缨"[注3]。

樊缨即繁缨，堪达汉项下有悬肉，如驼，《黑龙江外记》："堪达汉，鹿类，背上项下仿佛骆驼，沈存中《笔谈》'北方有驼鹿'即此。境内诸山皆有之，毛苍黄、体高大，重或千斤，性极驯而水行尤速，角长大、色如象齿，以制射鞢。盛暑无秽气。"

沈括，字存中，《梦溪笔谈》："驼鹿极大而色苍，尻黄而无斑，亦鹿之类。"一千年前的中国科学家，判断精准，"驼鹿极大"——为世界上最大的鹿科动物。

满人学者西清意犹未尽，续添一笔："堪达汉，皮中为鞢。土人食其鼻而美之，号猩唇。按：《山海经》'猩猩如豕而人面'，

《吕氏春秋》'肉之美者，猩猩之唇'！堪达汉鼻，何足以当之？"

何足以当之？《中国经济动物志·驼鹿》[注4]"经济意义"曰："驼鹿的鼻（犴鼻）是大兴安岭三大珍品之一。"

[注1] 汉郑玄注、唐贾公彦疏《周礼注疏》："庖人掌共六畜、六兽、六禽，辨其名物。"郑玄注："郑司农云：'六兽，麋、鹿、熊、麕、野豕、兔。'玄谓兽人冬献狼，夏献麋。又《内则》无熊，则六兽当有狼，而熊不属。"新林案："兽人冬献狼，夏献麋"，《周礼·兽人》："冬献狼，夏献麋。"

[注2] 原文出自《墨子·公输》，记述墨子说服楚王放弃攻掠宋国，墨子劝言："荆有云梦，犀兕麋鹿满之，江汉之鱼鳖鼋鼍为天下富，宋所谓无雉兔鲋鱼者也，此犹粱肉之与糠糟也。"

[注3] 新林案：中华书局 2001 版点校说明："该书流传不广。据点校者所见，仅浙江官纸总局民国排印本一种，今即据此点校。"清封疆大吏、纪晓岚弟子赵慎畛所著笔记，居然敢抄袭"钦定"之书，且仅"浙江官纸总局民国排印本一种"，毫无疑问，此书乃民国托伪之作！

[注4]《中国经济动物志·兽类》，1962 年一版一印，仅发行 1 160 本。新林案：这套动物志是特殊时期的产物，书中并非一味鼓励人们猎食野生动物，驼鹿"经济意义"续曰："驼鹿是大、小兴安岭的特有动物，数量并不多，且分布区狭窄，由于森林的不断开发，势必影响其分布和数量，应予适当保护并规定狩猎法。"另，《汉语大字典》1350 页："犴（hān）方言，驼鹿。"

全羊筵席

袁枚曰："全羊法有七十二种。"从何处得之，没说。"此屠龙之技，家厨难学。"既曰"屠龙"，谈何"家厨"，就算御厨，为之奈何！

"一盘一碗虽全是羊肉，而味各不同才好。"后一句有点意思，前一句少点滋味。羊身上好吃的多着呢！不"全是羊肉"，羊头、羊脚、羊杂、羊蛋，还有羊尾。

三年前，予曾写过一篇"羊"文，泛泛而谈，感觉不过瘾！

羊，要从头到脚，遍食，方能领略其味！

梁实秋先生在《北平的零食小贩》说："薄暮后有叫卖羊头肉者，这是回教徒的生意，刀板器皿刷洗得一尘不染，切羊脸子是他的拿手，切得真薄，从一只牛角里撒出一些特制的胡盐，北平的羊好，有浓厚的羊味，可又没有浓厚到膻的地步。"

羊肉要有点微膻，但不能膻到浓厚！犹如曼妙女子，要微有艳态，但不能艳到浓腻。予对"微有艳态"的美食，过味不忘！2010年旅行北京，"李记"的羊头肉，看着舒服，色白洁净，片大又薄。特制的椒盐，蘸着吃，软嫩清脆，醇香不腻，风味独到。

羊头肉有软骨，嚼着特别的滋味，下酒甚妙！

2012年西安之旅，报恩寺街的一碗"辣子蒜羊血"，吃得我兴味盎然。烫热的羊血入碗，加上辣子与蒜泥一起搅拌，羊血的膻腻化为无形，激出大味，嫩滑柔软，缠绵于口。

羊杂，在清朝得入满汉全席："第四分毛血盘二十件：貛炙哈尔巴小猪子、油炸猪羊肉、挂炉走油鸡鹅鸭、鸽臛、猪杂什、羊杂什、燎毛猪羊肉、白煮猪羊肉、白蒸小猪子小羊子鸡鸭鹅、白面馎馎卷子、十锦火烧、梅花包子。"（李斗《扬州画舫录》）

清朝满汉全席、南宋张俊家宴，是中国古代的二席极宴。前者盐商宴请乾隆帝，后者张俊请宴宋高宗，"满汉全席"一百多道南北极致菜肴，"张俊家宴"两百多道天下美味（周密《武林旧事》）。

2011年予和内子上曲阜祭孔，"山亭全羊馆"的羊杂，着实吓我一惊艳！一大盘羊杂上桌，片片赏心悦目，羊肚、羊肝、羊肺、羊肠、羊心、羊脸，间撒蒜糜芫荽。羊杂热拌，佐以秘料，鲜咸入味，微酸香纯。

羊肚韧、羊肝凝、羊肺脆、羊肠腴、羊心弹，特别是羊脸，或脆韧或弹腴，各尽其味！

南宋《西湖老人繁胜录》"瓦市"条："大店每日使猪十口，只不用头蹄血脏。"大店不用头蹄血脏，究其原因，处理起来麻烦。与《繁胜录》同属追忆南宋都城临安的《梦粱录》"肉铺"条载："或遇婚姻日，及府第富家大席，华筵数十处，欲收市腰肚，顷刻并皆办集，从不劳力。盖杭州广阔可见矣。"婚宴华筵少不了腰肚，想见"头蹄血脏"在南宋已登大雅。

羊的头蹄血脏，为头、蹄、血、脏。所谓"脏"，是为肚、肝、心、肺、肠、腰。前记曲阜"山亭"羊杂，曰羊肚、羊肝、羊心、羊肺、羊肠、羊腰。

羊肚，若您在北京爆肚馆子吆喝一句："来俩羊肚。"伙计一定纳闷："您呢要的是散丹？还是肚仁、板仁、肚领、蘑菇、食信、肚板、葫芦?"被问傻了吧！

那是爆肚的行话，不懂别吃！就一"羊肚"，分为羊散丹、羊肚仁、羊板仁、羊肚领、蘑菇头、羊蘑菇、羊食信、羊肚板、羊葫芦。后四样"羊蘑菇、羊食信、羊肚板、羊葫芦"是爆肚中的四"硬货"，有网友调侃："如果您牙口好愿意一直嚼个什么就点个葫芦，只要您保证不咽可以有嚼一辈子的感觉。"嘿，嚼口香糖呢！

2010年旅行北京，下火车直奔廊坊二条"爆肚冯"，看着菜单，估摸着点个羊肚领，没想到还是个硬货，直咬得我牙根清酸！别小瞧羊肚领，去掉"领子"就是羊肚仁，老北京加个"儿"，叫肚仁儿、肚儿。

梁实秋《雅舍谈吃》："肚儿是羊肚儿，口北的绵羊又肥又大，羊胃有好几部分：散淡、葫芦、肚板儿、肚领儿，以肚领儿为最厚实。馆子里卖的爆肚儿以肚领儿为限，而且是剥了皮的，所以称之为肚仁儿。"（《爆双脆》）

来北京吃爆肚，没吃过肚仁，那就算没吃过爆肚。予也算是个馋人，第二天寻到后海"东兴顺爆肚张"，点俩肚仁儿一尝其味。肚仁儿入口，一是脆，二是嫩。脆和嫩是食物的两性，肚仁儿竟然阴阳兼具。肚仁儿的妙处，是外脆里嫩，嚼到嘴里，既脆又嫩，两种风味轮欢口齿！

爆肚有四种做法，"爆肚仁儿有三种做法：盐爆、油爆、汤爆"，"东安市场及庙会等处都有卖爆肚儿的摊子，以水爆为限，而且草芽未除，煮出来乌黑一团，虽然也很香脆，只能算是平民食物"（《爆双脆》）。

"爆肚冯""东兴顺爆肚张"是水爆，平民食物也。予与内子的整个北京之行，皆为平民食物。到一地旅行，予奉行"大景小吃"，风景要看大的，美食要吃小的。

今有北京爆肚，古有东京煎肠，《东京梦华录》"州桥夜市"条："至朱雀门，旋煎羊白肠……。"旋，现做。

2016 年中原之旅，开封大梁门的"西门郑羊双肠"，至今难忘！羊双肠，即羊的大小肠。一口足一米的大锅，羊大肠、羊小肠在汤里熬制，汤滚而色白，色白而浓郁，浓郁而味韵！

羊肠之脏，殯难处理，得有秘方。"西门郑"的羊双肠汤，微殯，称羹更为恰当，两瓶啤酒下肚，一碗肠杂尚未撩完。大肠韧肥，小肠腴软，羊蛋嫩腻，羊鞭软滑，堪称上品！

羊蛋即羊宝，羊睾丸，开封当地称外腰，这个称呼专业，不愧是曾经的北宋都城。《东京梦华录》"州桥夜市"条："自州桥南去，当街水饭、爊肉、干脯。王楼前獾儿、野狐肉、脯鸡。梅家鹿家鹅鸭鸡兔、肚肺、鳝鱼、包子、鸡皮、腰肾、鸡碎，每个不过十五文。"

腰肾，指内腰外肾。外肾，外腰也。

羊的内腰，又称白腰子，孟元老《东京梦华录》"东角楼街巷"条："至平明，羊头肚肺、赤白腰子、妳房、肚胘、鹑兔鸠鸽野味、螃蟹、蛤蜊之类讫，方有诸手作人上市，买卖零碎作料。"

"羊头肚肺、赤白腰子、妳房"，羊头肚肺，羊头羊肚羊肺。赤白腰子，猪腰赤、羊腰白。前文提到的南宋张俊家宴，"下酒十五盏"，第一盏"花炊鹌子、荔枝白腰子"。

妳房是羊乳房，宋元有馔食羊乳房的风俗，一般称为奶房，亦称妳（nǎi）房，或直接称为羊乳房。

北宋王巩《甲申杂记》："宣仁同听政日，御厨进羊乳房及羔儿肉。宣仁蹙然动容曰：'羊方羔而无乳，则馁矣。'又曰：'方羔而烹之，伤夭折也。'却而不食。有旨，不得宰羊羔以为膳。"高氏辅佐年幼的宋哲宗[注1]，"同听政"。羊乳房及羔儿肉，使高氏联想到羊羔无乳，故不忍食。

奶房其味，堪比驼峰、熊白，周密《癸辛杂识》"驼峰"条："驼峰之隽，列于八珍。然驼之壮者两峰坚耸，其味甘脆，如熊白、奶房而尤胜。"张俊家宴"下酒十五盏"，第二盏"奶房签、三脆羹"。

南宋周煇《清波杂志》"祖宗家法"载："大防等曰：'唯本朝用法最轻，臣下有罪，止于罢黜，此宽仁之法也。至于虚己纳谏，不好畋猎，不尚玩好，不用玉器，饮食不贵异味，御厨止用羊肉，此皆祖宗家法所以致太平者。陛下不须远法前代，但尽行家法，足以为天下。'上甚然之。"吕大防，时为宰相〔注2〕。

历朝历代，皇家"饮食不贵异味"，似乎仅为宋朝。张俊请宴宋高宗，两百多道天下美味，也找不出异味！〔注3〕

何为"异味"？熊掌、猩唇、驼峰，异味也！

晋裴启《裴子语林》："羊稚舒（羊琇）冬月酿酒，令人抱瓮暖之。须臾，复易其人。酒既速成，味仍喜美。其骄豪皆此类。"此酒，异味也！

南朝宋刘义庆《世说新语》："武帝尝降王武子（王济）家，武子供馔，悉豚肥美，异于常味。帝怪而问之，答曰：以人乳饮豚。"此猪，异味也！

唐李亢《独异志》："武宗朝，宰相李德裕奢侈极。每食一杯羹，费钱约三万。"此羹，异味也！

清梁绍壬《两般秋雨盦随笔》"厨娘"条先引南宋廖莹中《江行杂录》："京都中下户，生女长成，随其姿质，教以技艺，名目不一，有所谓身边人……厨娘等级。就中厨娘最为下色，然非极富贵家不可用，盖以其靡费也。"厨娘色下艺高，非极富贵家用不起！

梁氏续述"冒辟疆大宴天下名士于水绘园",冒襄,字辟疆,明末四公子之一,出身高贵,家财颇丰,"先期延一有名厨娘至",延请一位有名厨娘,"问所需,曰:席有三等,主人将何等之从?"名厨娘说席有三等。

"问其所以异,曰:席之上者,须羊五百只,中席三百只,下席一百只,他物称是",以羊只多少等其三,冒氏虑其性价择选中席,且"观其如何处分"。

"及期,厨娘至,从者以百十计,己则珠围翠绕,高座指挥,诸人奔走刀砧,悉仰颐气",厨娘气势高颐!"先取三百只羊,每只割下唇肉一片备用,余皆弃置",三百只羊,每留唇一片,冒氏惊讶错愕!厨娘曰:"羊之美全萃于此,其他腥臊不足用也。"

梁氏文末感叹:"其奢滥如此!"她奶奶的,这娘们是在暴珍天物啊!

羊肚韧、羊肝凝、羊肺脆、羊肠腴、羊心弹、羊蛋嫩腻、羊鞭软滑、羊脸脆韧而弹腴。

[注1] 明陈邦瞻《宋史纪事本末·卷四十三·元祐更化》:"神宗元丰八年三月,帝崩。皇太子煦即位,时年十岁,太皇太后高氏临朝,同听政。"新林案:煦指赵煦(宋哲宗)。太皇太后高氏(高滔滔),谥号"宣仁圣烈皇后",执政期间,任用司马光为宰相,将王安石的新法全部废止。

[注2] 元祐三年，"拜尚书左仆射兼门下侍郎"（《宋史·吕大防传》），新林案：《文献通考·职官考·宰相》："神宗新官制，以尚书令之左、右仆射为宰相。左仆射兼门下侍郎，以行侍中之职；右仆射兼中书侍郎，以行中书令之职。"左仆射兼门下侍郎，左丞相。右仆射兼中书侍郎，右丞相，《宋史·范纯仁传》："（元祐）三年，拜尚书右仆射兼中书侍郎。"元祐三年，吕范为左右宰相，吕大防"与范纯仁并位，同心戮力，以相王室"。

[注3] 周密《武林旧事》"高宗幸张府节次略"条："下酒十五盏：第一盏，花炊鹌子、荔枝白腰子。第二盏，奶房签、三脆羹。第三盏，羊舌签、萌芽肚胘。第四盏，肫掌签、鹌子羹。第五盏，肚胘脍、鸳鸯煤肚。第六盏，沙鱼脍、炒沙鱼衬汤。第七盏，鳝鱼炒鲎、鹅肫掌汤齑。第八盏，螃蟹酿枨、奶房玉蕊羹。第九盏，鲜虾蹄子脍、南炒鳝。第十盏，洗手蟹、鲗鱼假蛤蜊。第十一盏，五珍脍、螃蟹清羹。第十二盏，鹌子水晶脍、猪肚假江蟣。第十三盏，虾枨脍、虾鱼汤齑。第十四盏，水母脍、二色茧儿羹。第十五盏，蛤蜊生、血粉羹。"新林案：余略。

大牢者牛

清人学者西清《黑龙江外记》曰："牛一身无弃物，皮肉外，油制烛，骨制簪，脟制酒囊，粪饼可代薪，恋火无秽气。"西清以一言道出牛身无弃物。

"粪饼可代薪，恋火无秽气"，牛粪代薪无秽气。我1987年旅行九寨沟，晚宿藏民家，喝着酥油茶，在暗淡的灯光下（酥油灯），与藏民一家围粪取暖，始知牛粪代薪，有一股香草味。

出乎我想象，阿坝藏民很高大，男人皆留发盘头，以牛骨簪插发。腰间一囊一刀，左悬脟制酒囊，右佩藏式弯刀。

西清的文字，勾起了我年少时的留恋！

西清学识渊博："土人以黄米造酒谓之黄酒，又有名秋酒者，关以东处处卖之，达呼尔以牛马乳造酒，谓之阿尔占，汉名奶子酒。蒙古诸部家有之。"奶子酒主要以牛乳酿之。

又，"土人熬饮黑茶，间入奶油，炒米以当饭。黑茶，国语喀喇钗也。茶叶来自奉天，一包谓之一封，又称一个。性不寒，能消肥腻。塞上争重之。"

黑龙江的黑茶，类似藏民的酥油茶。"间入奶油"，奶油由牛奶提炼，是为酥油（参见本书《酥酪醍醐》）。黑龙江和阿坝州，冬季漫长，几无夏天，故黑茶能御寒。两地饮食，乳肉为主，蔬果较少，以茶佐食，"消肥腻"也！

西清于"一身无弃物"的牛体，反而淡写，用字仅二："皮肉"。牛皮能吃，拙文《古人食量》（收入《古人的餐桌》）曾记北宋宰相张齐贤年轻贫穷时，见人家张悬一牛皮，取煮食之无遗！

牛身之肉，不仅惟肉，头蹄血脏皆是也。本书《全羊筵席》对羊的头蹄血脏作了全方位的描述，再来一遍全牛席，予汝皆厌之！

牛，从古到今，从来没有缺席过——古人的餐桌。三代以前，固以为尊食。牛除了一大堆的名称（牡、犅、牸、犍、犝、牸、㸲、牰、犢等），还有个特别的称呼：太牢。太，大也，故又曰大牢。《礼记·王制》："天子社稷皆大牢，诸侯社稷皆少牢。"

西清曾祖鄂尔泰，汉学造诣尤深，《日讲礼记解义》云："牢，圈也，牲畜于圈，故曰牢。天子之社稷主天下之土谷，故皆祭以牛羊豕之大牢。诸侯之社稷主一国之土谷，故皆祭以羊豕之少牢。"

社稷是大祭。古人祭祀，大牢者尊，故天子以祭。

大学士鄂尔泰奉敕解义，简明直白："牛羊豕之大牢"、"羊豕之少牢"，牛羊豕具谓"大牢"、羊豕具而无牛谓"少牢"。

唐宋已降，直言牛为大牢，宋人笔记多有订正，王楙责怪唐人始作俑者 [注1]。清经史大家赵翼《陔余丛考》一锤定音：

三国韦昭"负全责"！［注2］

牛羊豕具谓"大牢"，牛、羊、豕，扳三个手指头，古人也嫌烦。干脆，大拇指一竖："牛！"

本书《斋必变食》写于 2021 年的 6 月，书中云"古人祭天、祭地、祭祖，需配合不同的祭牲：太牢、少牢、'不牢'，非常复杂，予至今没完全弄明白"，诚不欺也——当时真没弄明白"太牢少牢"。

不知太牢少牢，经史无法读懂，《史记·孔子世家》："高皇帝过鲁，以太牢祠焉。"高皇帝，指刘邦。太牢，三家不注（案：《史记集解》《史记索隐》《史记正义》合称三家）。此太牢，牛羊豕具也！

不知太牢少牢，甚至连菜谱都看不懂，清《调鼎集》"煨牛肉"条："买牛肉法，先下各铺定钱，凑取腿筋夹肉处，不精不肥。剔去衣膜，用三分酒，二分水，清煨极烂，再加酱油收汤。此太牢独味，不可加别物配搭。"此太牢，牛也！

唐段公路《北户录》"食目"条食目繁多，"韶州菜有芜菁，郡人采之为菹，脆而且甘，不失北中味也"，韶州，今广东韶关；"广之人食品中有团油饭"，即苏轼《仇池笔记》之"盘游饭"；蚁子酱、老咸虀等。

其中一目："襃牛头。南人取嫩牛头，火上燂过（《证俗音》'炙去毛为燂'）。复以汤毛去根，再三洗了，加酒豉葱姜煮之。候熟，切如手掌片大，调以苏膏、椒橘之类，都内于瓶瓮中，以泥泥过，煻火重烧。其名曰褒。"燂，音 tán。括弧内是晚唐崔龟图所注。

"褒"，煲也。"汤"，烫也。

段公路续曰："愚曾于衡州食熊蹯，大约滋味小异而不能及。"熊蹯（熊掌）的滋味都"不能及"，此牛头煲大异哉！

段公路末云："按南朝食品中有奥肉法。奥即褒类也。"案：北魏贾思勰《齐民要术·作奥肉法》，缪启愉先生注："奥，同'腜'，《释名·释饮食》：'腜，奥也。藏肉于奥内，稍出用之也。'与本篇以奥肉油藏于瓮中随时取食相同，实际就是卷八《蒸缹法》的'腜肉'。"[注3]

历代食家，刘恂与段公路齐名，且相依相随。（案：《岭表录异》与《北户录》有多条类似，二书同收入《四库全书·地理类·杂记之属》第 589 册。）

两人所记美食，类似则一人袭文（参见本书《二百五者》），不同则独叙精彩！

段公路之"褒牛头"，刘恂不记。刘恂《岭表录异》载："容南土风，好食水牛肉，言其脆美，则柔毛肥豵不足比也。每军将有局筵，必先此物。或魼或炙，尽此一牛。"柔毛，羊。豵，猪。

"既饱，即以圣齑消之。（圣齑如青菘，云是牛肠胃中已化草欲结为粪者。）既至，即以盐酪姜桂调而啜之，腹遂不胀。北客到此，多赴此筵。但能食肉，罔有啜齑者。"北客到此，皆惧"圣旨"。

"已化草欲结为粪者"，这个"欲"字最重要！

网曰：今在西南某地，流行一种微苦回甘的火锅——牛粪火锅（牛粪是指牛完全消化拉出来的屎），又名"牛瘪火锅"（牛瘪是在牛胃和小肠内未完全消化的内容物），牛瘪火锅就是用这种内容物做底料的火锅，优雅其名为"百草火锅"！

网友神评："未煮之前臭草味，正煮之时牛粪味，入口之初微苦味，饭后才知菜香味。"

读多了古文，看白文太累！

取"已化草欲结为粪者"具汤煮食，闻味始臭，一口入喉——

满嘴喷香！

[注1] 北宋江休复《江邻幾杂志》："掌老太卿判太仆供裕享太牢，只供特牛，无羊豕。去问直礼官。如此，不知羊豕牛具，为太牢。"新林案：掌老太卿，指掌禹锡。"羊豕牛具"，羊豕牛皆有。南宋程大昌《演繁露》、高似孙《纬略》皆有订正，南宋王楙《野客丛书》："观唐人呼牛僧孺为太牢，呼杨虞卿为少牢，《东都赋》'太牢飨'，注：牛也。知此谬已久。"案："呼牛僧孺为太牢，呼杨虞卿为少牢"，参见注2。《东都赋》，唐李善注。

[注2] 清·赵翼《陔余丛考》"太牢少牢"条："《礼记》'太牢'注：牛、羊、豕也。是羊、豕亦在太牢内矣。""后世乃以

牛为太牢、羊为少牢，不知始于何时？《江邻幾杂志》云：'掌禹锡判太常，供裕享太牢，只判特牛，无羊豕。问礼官，云向例如此。'是宋时固专以牛为太牢矣。唐人《牛羊日志》小说称牛僧孺为太牢、杨虞卿为少牢，则唐已以牛属太牢、羊属少牢矣。按：《国语·屈到嗜芰》篇：'国君有牛享、大夫有羊馈。'韦昭注云：'牛享，太牢也。羊馈，少牢也。'则专以牛为太牢、羊为少牢，其误盖自韦昭始也。"新林案：韦昭，三国吴史家。"国君有牛享"，韦注"诸侯以太牢"，则"牛享，太牢也"。"大夫有羊馈"，韦注："羊馈，少牢也。"

[注3]《东京梦华录》"肉行"条："坊巷桥市，皆有肉案，列三五人操刀，生熟肉从便索唤，阔切片批，细抹顿刀之类。至晚即有燠爆熟食上市。"《西湖老人繁胜录》"肉食"条："入炉炕羊、窝綜疆豉、双条劙子、皮骨疆豉、猪舌头、冻白鱼、白煠鸡、白燠肉、花事件、八糙鸭、炕鸡、炕鹅、燠肝……。"《梦粱录》"分茶酒店"条："兼之食次名件甚多，姑以述于后：曰百味羹……燠小鸡……等食品。"

蛇蝎蛤蚧

　　上海人在吃上面，人来风加一阵风。人来风是"一窝蜂"，嗡（案：正字为"拥"，沪音同）向哪里哪里红，今曰网红也。第一次人来风，嗡向乍浦路（上世纪 90 年代初）。一阵风后，人来风嗡向黄河路。

　　两条网红餐饮街，特点是没特点。上海人不满意了，要吃特点！乃末又开始人来风，嗡向蓝村路吃香辣蟹。一篇店家混有死蟹的报道，吓煞上海人，一哄而散……

　　人来风是阵头风，蓝村路一年后华丽变身火锅街，店家用香辣蟹调料做锅底，咦！人来风又吹回来了。吃腻了辣火锅，就想清淡些，宁海东路热气羊肉适时而开，人来风又嗡向迭条小马路。

　　21 世纪初，人来风兵"风"几路：一路嗡向进贤路吃本帮菜，另一路嗡向铜川路吃大海鲜，再一路嗡向寿宁路吃小龙虾。

　　同出一辙，一篇店家混有死虾的报道，又吓煞上海人。被死蟹死虾吓煞的上海人，终于发起人来疯（案：沪语"人来疯"为正词）——吃起了活蛇。

　　迭次人来疯来势凶猛，全上海所有大店家，都有一道 21 世纪上海名菜：椒盐大王蛇。不点这道菜，主人没面子！

上海人请客，大菜上来，主人一定请客人先吃。椒盐大王蛇上桌，椒盐喷喷香，带了一丝蛇肉香。主人手一挥："我不客气了噢！"用大拇指和食指捏起一片被油炸后捯了造型猛撒椒盐的大王蛇，塞进嘴巴里横咬一口："赞！大家吃，吃，吃！"

三个"吃"是带了节奏的，一吃等于走一步，三吃等于走三步。"三碗不过冈"，吃了毒蛇，三步即入鬼门关！三声"吃"又是轻重缓急，由轻到重，由缓到急，由重急到近乎悲壮！

伊（主人）没死特，个么大家一道吃。

迭只人来疯来得猛，去的也快。请客的实在吃不消：椒盐大王蛇的价钿！

个么问题来了：古人吃蛇吗？废讲，当然！椒盐大王蛇的烹饪法，最有可能出自"玉食批"，南宋陈世崇《随隐漫录》记载司膳内人所书"上（皇上）每日赐太子玉食批"，司膳内人是宫中掌管膳食的官；玉食批是饮食批示之意，称菜单也可，其中就有一款"海盐蛇鲊"。

鲊字本意是鱼腌渍成干，后亦引申为肉渍而后炸。蛇肉渍而后炸，"海盐蛇鲊"即"椒盐大王蛇"的前身。至于大王蛇到底是什么蛇？真不知道，"椒盐大王蛇"先腌制再裹面粉油炸，上桌后面目全非。

既称大王，这蛇应该很大。可惜吃的人没见过，见过的人吓晕后醒来举报隔壁卖大王蛇的摊贩，在一声高过一声的举报中，电视台吃不消了，连续播放，引起有关部门的重视！

大王蛇从此在上海滩销声匿迹。

二十年前的吃蛇人来风，来自广东。广东开改革风气之先，上海人吃穿皆亦步亦趋：跟风。广人在吃上面，多沿袭传承，北宋张师正《倦游杂录》"岭南嗜好"条载："岭南人好啖蛇，易其名曰茅鳝，草虫曰茅虾，鼠曰家鹿，虾蟆曰蛤蚧，皆常所食者。"（案：鼠有竹鼠、黄鼠，并参见拙文《美味名鼠》，收入《古人的餐桌》。）

岭南是一个地域概念，广东、广西、闽西、滇东，北宋邵博《邵氏闻见后录》曰："广西人喜食巨蟒，每见之，即诵'红娘子'三字，蟒辄不动，且行且诵，以藤蔓系其首于木，刺杀之。"

遇巨蟒诵"红娘子"，是两宋广西当地捕蛇习俗。

北宋朱彧《萍洲可谈》云："广南食蛇，市中鬻蛇羹。东坡妾朝云随谪惠州，尝老兵买食之，意谓海鲜，问其名，乃蛇也，哇之，病数月，竟死。"作为一个地理学家，朱彧的亲见，可靠且具史料价值；其听闻，有些不怎么靠谱（案：参见本书《鲨鱼凶猛》），朝云并非死于一杯蛇羹。

"广南食蛇，市中鬻蛇羹"，北宋广南的闹市中心现卖蛇羹，向后人展示了《清明上河图》的广南缩小版：人群熙攘，蛇羹飘香！

南宋地理学家周去非，官广西著成《岭外代答》，"异味"

条云："深广及溪峒人，不问鸟兽蛇虫，无不食之。其间异味，有好有丑。"深广指广西的偏远地区，溪峒指西南某些少数民族。"丑"，见之丑陋，食之恶心[注1]。

上海宁波人的"海菜光"（宁波话：臭苋菜梗），其"丑"无比，其臭熏天。食俗异尚耳，何足怪哉！

周去非续曰："遇蛇必捕，不问短长。遇鼠必执，不别小大。蝙蝠之可恶，蛤蚧之可畏，蝗虫之微生，悉取而燎食之。"蛤蚧是大壁虎。

予自2008年始，吃了十年中药，蛤蚧见过一回，是扒了皮的大壁虎，大约有我一把掌大小。晒干的蛤蚧，看着不太"丑"。若是活体，予恐毛骨悚然，不敢直视。老中医开好药，叮嘱一句："搅成粉吞下去，尾巴不要弄掉！"

北宋宰相、多领域博学大家苏颂《本草图经》"蛤蚧"条："人欲得其首尾完者，乃以长柄两股铁叉，如粘黐等状，伺于榕木间，以叉刺之，皆一股中脑，一股着尾，故不能啮也。行常一雄一雌相随，入药亦须两用之。或云阳人用雌，阴人用雄。"

"阳人用雌"，意壮阳用雌。当时顾着治病，搅成粉吞服后，甚悔！忘了看它是雌是雄，故不知予壮的是阳还是阴。

蝎子予此生也见识一回，2016年与内子的中原之旅，见识了九千年的贾湖骨笛、四千五百年的将军柏、一千四百年的唐朝法王寺塔，至洛阳，西大街夜市有油炸蝎子，予想一试其味，被内子拦住，怕我一命呜呼！

言归正传。"遇蛇必捕，不问短长"，"悉取而燎食之"，很显然，深广及溪峒人早已知晓蛇的习性、掌握捕蛇技巧和"燎食"方法，否则一触或即死！

毒蛇有长有短，长得不一样。

《说文》："它，虫也。从虫而长，象冤曲垂尾形。上古艸尻患它，故相问无它乎。"艸尻，草居也。上古祖先穴居野外，彼此相见问候语：有它吗？有它吗？

"相问无它"是中国人最早的问候语，比较吓人！有蛇吗有蛇吗？段玉裁释曰："今人蛇与它异义异音。上古者，谓神农以前也。相问无它，犹后人之不恙无恙也。"

段氏的"后人"指清朝，"不恙无恙"：身体好不好啊？再后来，21世纪初，上海人的问候语："迭两天大王蛇吃了哦？"到了2022年四五月份，上海人在群里的问候语："屋里厢米够吃哦？""迭两天青菜吃过哦？""最近吃过肉哦？"

古人占卜，美梦凶兆，噩梦吉兆，故《诗》曰："吉梦维何？维熊维罴，维虺维蛇。"[注2] 虺（huǐ），泛指毒蛇，特指蝮蛇，《尔雅·释鱼》："蝮虺，博三寸，首大如擘。"晋郭璞注："身广三寸，头大如人擘指。此自一种蛇，名为蝮虺。"

又，《尔雅·释鱼》："蚨，蝁。"蚨（dié），蝁（è）。郭璞注："蝮属。大眼，最有毒，今淮南人呼蝁子。"大眼，眼睛蛇无疑！

又，《尔雅·释鱼》："蟒，王蛇。"郭璞注："蟒，蛇最大者，故曰王蛇。"

古人在两千年前对蛇的认识，掼外国动物学家几百条马路！

蝮蛇剧毒，南方湿热，其类甚多，《楚辞·招魂》："魂兮归来，南方不可以止些。……蝮蛇蓁蓁。"蓁蓁（zhēn），积聚之貌。《楚辞·大招》："魂乎无南，南有炎火千里，蝮蛇蜒只。"只，感叹词。

段成式描写蝮蛇，精彩无比，用字仅六："怒时毒在头尾。"（《酉阳杂俎》）令人不寒而栗！初唐医家陈藏器，则从另一角度描写："蝮蛇锦文。众蛇之中，此独胎产。着足断足，着手断手。"（《本草拾遗》）最后八个字，看得人后脊发凉！

蛇类分卵产和胎产，陈藏器早在一千二百年前已认识到"此独胎产"[注3]，七百五十年后，明黄仲昭描写更为细致："蝮蛇，蛇之中此独胎产，裂母腹而生，蛇之最毒者也。"（《八闽通志》）

黄仲昭修纂的《八闽通志》，是一本远被低估的古代佳志。本书《鲨鱼凶猛》中，屠本畯列举的十一种鲨，有五种的文字出自黄仲昭。为此，予专门写下《二百五者》（见本书第四辑），一探究竟！

黄仲昭于"短长蛇"的研究，近类当今的动物学家。"青竹蛇，与竹同色，小而不可视。"竹叶青的最早记录，出自东晋葛洪《肘后备急方》："虺，绿色，喜绿树及竹上。大者不过四五尺，皆呼为青条虵。人中，立死。"

虵，蛇的异体字，《说文》："它，虫也。"虫也，虵。

古人记载最多的虵是蟒蛇，因为太大！大者吸引眼球。前曰郭璞《尔雅》注："蟒，蛇最大者，故曰王蛇。"蟒，古人又称为蚺（rán）。段成式挥手一笔："蚺蛇，长十丈，常吞鹿。"（《酉阳杂俎》）

唐朝 1 尺 = 30.6 厘米，10 丈 = 100 尺 ≈ 30 米。

30 米太长，减半似可，刘恂《岭表录异》云："蚺蛇，大者五六丈，围四五尺。身有斑文如故锦缬。俚人云，春夏多于山林中，等鹿麂过，则衔之，自尾而吞，惟头角碍于口外。深入林树间，阁其首，俟鹿坏，头角坠地，鹿身方咽入腹。"阁，同"搁"。

刘恂描写的蟒蛇，凶猛且聪明！把鹿头搁树丫间，去其头角，吞入腹中。

如此凶猛吓人的大蟒，古人敢食否？南宋范成大《桂海虞衡志》："蚺蛇。大者如柱，长称之，其胆入药。蛇常出逐鹿食，寨兵善捕之。数辈满头插花，趋赴蛇。蛇喜花，必驻视，渐近，竞拊其首，大呼红娘子，蛇头益俛不动，壮士大刀断其首。众悉奔散，远伺之。有顷，蛇省觉，奋迅腾掷，傍小木尽拔，力竭乃毙。数十人舁之，一村饱其肉。"

红娘子红娘子，一刀断其首。

红娘子红娘子，一村饱其肉。

吃饱何其幸福！也不再恐惧有它吗？有它吗？

——有它们吗？

[注1]《岭外代答校注》校者杨武泉先生曰："出于封建统治者之偏见，言及少数民族，语含鄙夷。惟时代使然，未可独责，读者当能心知其非而明辨之。"

[注2]《小雅·斯干》："吉梦维何？维熊维罴，维虺维蛇。"郑玄注："熊罴之兽，虺蛇之虫，此四者，梦之吉祥也。"孔颖达疏："《释鱼》云：'蝮虺，博三寸，首大如擘。'孙炎曰：'江淮以南谓虺为蝮，广三寸，头如拇指，有牙，最毒。'蛇实是虫，以有鳞，故在《释鱼》，且鱼亦虫之属也。"新林案：罴，棕熊。《释鱼》指《尔雅·释鱼》。孙炎，三国魏经学家。

[注3]赵尔宓先生在《中国动物志·爬行纲·有鳞目·蛇亚目》总论曰："严格说，蛇类产仔应叫'卵胎生'，与哺乳类的胎生有所不同；而且，卵胎生的也不止蝮蛇一种。"

蜗蘸蚯酱

予此生仅品尝过一次"轮胎"三星，在法国巴黎一家高级餐厅。中国人钱再多，一概被巴黎人视作"乡下人"。国人团餐，Bonjour到角落（出国"团"员，嗓门粗大）。

第一道大菜：法式焗蜗牛。予时年（2006）虚岁40，"四十而不惑"，但实在是经不住诱惑：想起了小时候玩耍的鼻涕虫！

我册那，回到小宾馆，只好啃法式面包。

蜗牛，拖涎也。北宋陶穀《清异录》载："临川李善宁之子，十岁能即席赋诗。亲友尝以贫家壁试之，略不构思，吟曰：'椒气从何得？灯光凿处分。拖涎来藻饰，惟有篆愁君。'拖涎，指蜗牛也。"

古人从小赋诗，多识鸟兽草木之名，以贫家墙壁之拖涎，拟篆喻愁。

我们小的时候，是跟泥土打交道：滚圈子、刮片子、打弹子、抽陀子。实在没劲了，地上有条鼻涕虫，撒一撮盐，眼睁睁只见它化成一撮"鼻涕"。

篆愁鼻涕，一雅一俗，高下立见！篆愁即拖涎，蜗牛；鼻涕虫，蛞蝓。两者的区别在有壳无壳，李时珍引《说文》云：

"蚹蠃背负壳者曰蜗牛，无壳者曰蛞蝓。一言决矣。"最后四字是时珍感言。

予老眼昏花，查了半天，没见《说文》有"蛞（kuò）"字。

蜗字有解，段玉裁《说文解字注》："蜗，蠃也。（蠃者，今人所用螺字。《释鱼》曰：'蚹蠃，蜾蝓。'郑注《周礼·醢人》：'蠃，蜾蝓。'许上文'蠃'下亦云：'一曰蠃，蜾蝓。'此物亦名蜗。故《周礼》《仪礼》'蠃醢'，《内则》作'蜗醢'。二字叠韵相转注。薛综《东京赋》注曰：'蜗者，螺也。'今人谓水中可食者为螺，陆生不可食者曰蜗牛。想周、汉无此分别。）"

整段解释非常繁复，若翻译成白话文，予恐血压爆表！

段释重点：蜗，蠃（luǒ）也。郑玄注《周礼·醢人》："蠃，蜾蝓。"蜾蝓（yí yú），这东西又叫蜗。"今人谓水中可食者为螺，陆生不可食者曰蜗牛"，段氏"今人"指清人，不吃蜗牛，拖涎流涕，太过恶心！

段氏释《说文》，无人能右。段氏淘糨糊，天下无敌，"想周、汉无此分别"，周朝、汉朝大概无此分别。"想"，想当然耳！"无此分别"，螺可食蜗牛亦可食。

"周"指周朝，《周礼》《仪礼》皆曰"蠃醢"，《礼记·内则》则云"蜗醢"[注1]。醢（hǎi），肉酱。"汉"指汉朝，张衡《东京赋》"献鳖蜃与龟鱼，供蜗蠃与菱芡"，三国吴儒薛综注："蜗，螺也。"

《尔雅·释鱼》:"蚹蠃,蜬蝓。"晋郭璞注:"即蜗牛也。"段玉裁博古通今,引薛综《东京赋》注,不引郭璞《尔雅》注,取鱼而舍熊掌乎?整部《说文解字注》,段引郭注《尔雅》不下五十处,唯此不引,显然有意为之,替祖宗遮面子:我堂堂中华的祖先,不食蜗牛!

有什么好遮掩!祖先不吃蜗牛,但食蚁子酱(参见[注1]),同为清人,纪晓岚旷达通情:"儒者读《周礼》蚳酱,窃窃疑之,由未达古今异尚耳。"(《阅微草堂笔记》)

"窃窃疑之",似乎祖宗犯了大错!陆游《老学庵笔记》:"《北户录》云:'广人于山间掘取大蚁卵为酱,名蚁子酱。'按此即所谓'蚳醢'也,三代以前固以为食矣。然则汉人以蛙祭宗庙,何足怪哉!"三代指夏、商、周。

何足怪哉!有什么好奇怪?明朝博物学家谢肇淛《五杂组》曰:"南人口食,可谓不择之甚。岭南蚁卵、蚺蛇,皆为珍膳。水鸡、虾蟆,其实一类。闽有龙虱者,飞水田中,与灶虫分毫无别。又有泥笋者,全类蚯蚓。扩而充之,天下殆无不可食之物。燕、齐之人,食蝎及蝗。余行部至安丘,一门人家取草虫有子者,炸黄色入馔。余诧之,归语从吏,云:'此中珍品也,名蚰子。缙绅中尤雅嗜之。'然余终不敢食也。则蛮方有食毛虫、蜜唧者,又何足怪!"

谢肇淛见多识广,其所举"蚁卵、蚺蛇、龙虱、泥笋、蝎、蝗、蚰、毛虫、蜜唧"皆凡人见之头皮发麻之物。

三年前予写过《虫亦可食》（收入《古人的餐桌》），叙及蚁卵、蝗虫、蚯蚓、蜈蚣、禾虫，除蝗虫北人浅涉，余皆南人口食不择。中文之妙，在于象形，这些个蚁、蝗、蚯、蚓、蜈、蚣、虫，人但凡见之唯恐避之不及，何来勇气食之？

龙虱，明屠本畯开首一句："龙虱，似蟑螂而小。"吓退大半个中国吃货！续曰："秋月暴风起，从海上飞来，落水田或池塘，海滨人捞取，油盐制藏珍之。〔按：龙虱类水虫，但龙虱来自海外，水虫出自水中，故以为异。闽人言是龙身上虱。或然耳。外省人罕食。〕"（《闽中海错疏》）

"外省人罕食"，外省人真不敢吃！同为明人的陈懋仁，官泉州写下《泉南杂志》，描写龙虱仅用十八字："龙虱，如牛粪上虫，似黑而薄，劈食之，小有风味。"陈氏已升华至另一重境界：视牛粪虫如阿堵物。

小有风味！

清人郭柏苍则见解独特，用字仅九："食者嗜之，不食者哇之！"龙虱予此生绝无胆量"哇之"，泥笋则一食而"嗜之"。2009年和内子去厦门旅行，下飞机第一口即"西门土笋冻"，蘸上芥末、蒜泥、酱油、香醋、花生酱调制的蘸料，嚼在嘴里有沙沙的脆感，微酸辛辣、厚实鲜香！

清周亮工《闽小记》"土笋"载："予在闽常食土笋冻，味甚鲜异，但闻其生于海滨，形类蚯蚓，终不识作何状。"（《闽小记》）

"终不识作何状"，甚以为然！若见到土笋活体，予恐大口"哇之"。周亮工"后阅《宁波志》"，才知是"沙噀（xùn）"。《宁波志》即南宋罗濬撰《宝庆四明志》："沙噀，块然一物如牛马肠脏头。长可五六寸许，胖软如水虫，无首无尾，无目无皮骨，但能蠕动。触之则缩小如桃栗，徐复拥肿。土人以沙盆揉去其涎腥，杂五辣煮之，脆美为上味。"

周亮工博学多才，最后提一句："谢在杭作泥笋。"谢在杭即谢肇淛，字在杭。谢肇淛前述"蛮方有食毛虫、蜜唧"，这蜜唧者何？

蜜唧是一种蛮食，谢肇淛说起"以惨酷取味：鹅鸭之属，皆以铁笼罩之，炙之以火，饮以椒浆，毛尽脱落，未死而肉已熟矣"之人，曰："不知此辈何福消受，死后当即坠畜生道中，受此业报耳。"

2015年至今，予校读历代笔记（饮食部分）过四百本，归类二百五十万原始文字。"以惨酷取味"的文字，都被我归在"残虐酷食"类，不下二十条，包括斑龙宴、猴脑食。

以下文字，皆出自历代笔记的蛮食：野蛮饮食——"以惨酷取味"，一些读者见文或引起心理、生理上的不适，敬请终止阅读。

蜜唧，唐张篤《朝野佥载》载："岭南獠民好为蜜唧。即鼠胎未瞬、通身赤蠕者，饲之以蜜，钉之筵上，嗫嗫而行。以箸夹取啖之，唧唧作声，故曰蜜唧。"

《朝野佥载》记隋唐两代朝野遗闻，对武后朝（后周）颇多讥评，有的文字怪诞不经。然其所记"残虐酷食"，绝非凭空想象，至少是听闻。

武后酷吏，史上最"酷"，正史有载。男宠张易之及弟张昌宗、张昌仪，对鹅鸭驴马之"酷"食，残忍歹毒，毫无人性！

鹅鸭，"周（后周）张易之为控鹤监，弟昌宗为秘书监，昌仪为洛阳令，竞为豪侈。易之为大铁笼，置鹅鸭于其内，当中取起炭火，铜盆贮五味汁。鹅鸭绕火走，渴即饮汁，火炙痛即回，表里皆熟，毛落尽，肉赤烘烘乃死"。活马，"易之曾过昌仪，忆马肠，取从骑破胁取肠，良久乃死"。活驴，"昌宗活拦驴于小室内，起炭火，置五味汁如前法"。

驴何辜?!

清朝有一种食驴法（谓之"汤驴"），见诸多人笔记，刘廷玑《在园杂志》、钱泳《履园丛话》、纪昀《阅微草堂笔记》均有记载。刘钱所记，如刘氏曰"制法备极惨酷"，而其文字，写真到令人毛骨悚然！（案：凡"残虐酷食"，历代笔记均是记载加谴责！古代的读书人，不要脸的不多。）

予不忍借笔！

纪晓岚《阅微草堂笔记》载："屠者许方，其屠驴，先凿地为堑，置板其上，穴板四周为四孔，陷驴足其中。有买肉者，随所买多少，以壶注沸汤沃驴身，使毛脱肉熟，乃刲而取之。云必如是始脆美。越一两日，肉尽乃死。当未死时，箝其口不能作声，目光怒突，炯炯如两炬，惨不可视。而许恬然不介意。"沸汤，开水也，参见本书《汤的演变》。

结果呢？"后患病，遍身溃烂无完肤，形状一如所屠之驴。宛转茵褥，求死不得，哀号四五十日乃绝。"

报应啊报应！畜生不如，想出这种吃法。

还有更歹毒的！"贞观中，恒州有彭闶、高瓒二人斗豪，时于大酺场上两朋竞胜，闶活捉一豚，从头咬至项，放之地上仍走。瓒取猫儿从尾食之，肠肚俱尽，仍鸣唤不止。闶于是乎帖然心伏。"（《朝野金载》）豚，小猪。

两人斗豪，若彼此颠倒鸳鸯对咬，一个从头，一个从尾，也算"对豪"一双。跟猪猫过不去，使之死不痛快，简直猫狗不如！

隋末渤海高瓒（与贞观恒州者同姓名［注2］），也喜"残虐酷食"斗豪，其与深州诸葛昂之斗，予实在无勇气抄诸纸上。想必读者已明白终极的"残虐酷食"！

再极致的"残虐酷食"，也还是吃。终极的残虐酷行：

民不得食！

［注1］《周礼·醢人》："馈食之豆，其实葵菹、蠃醢、脾析、蠯醢、蜃、蚳醢、豚拍、鱼醢。"郑玄注："蠃，蜬蝓。"新林案："豆"，古食器也。蚳（chí）醢，蚁子酱。《仪礼·士冠礼》："两豆：葵菹、蠃醢。"郑玄注："蠃醢，蜬蝓醢。"《礼记·内则》"食：蜗醢而苽食、雉羹"，蜗，《礼记正义》郑玄

无注，孔颖达无疏。

［注2］新林案：参考中华书局《朝野佥载》点校说明，今本大致可分两个系统：一、以《说郛》为代表的一卷本系统。二、以《宝颜堂秘籍》为代表的六卷本系统。一卷本与六卷本非出一源，前者并非后者的节略。"恒州高瓒与彭闼斗豪"出自《宝颜堂秘籍》，"渤海高瓒与诸葛昂斗豪"出自《说郛》。由此推测，恒州高瓒、渤海高瓒或为同一人，故事发生在隋末唐初（贞观初）。

酪酥醍醐

前几年上海有档电视节目，"外国友人品味中国"（碰巧看的，具体名称想不起来），主持人请在座谈谈吃臭豆腐的感受，一外国女友人（字幕显示法国人）皱眉直白："那个味道，像小孩子的粑粑。"边说边扇鼻子。

册那！我当时就着急，想冲进电视大喊——臭豆腐是香的！你们家孩子的粑粑才那个味呢。

1985年我刚上大一，回"娘家"在中学英文老师吴小英家，吃了一口法国顶级奶酪，终生难忘——那个味道差点把我呛出翔！

奶酪非外国独有，古人早已食之："吴人至京师，为设食者有酪苏，未知是何物也，强而食之，归吐遂至困顿。"（三国魏邯郸淳《笑林》，注1）吴人强食酪苏（酥），吐至困顿，命恐休矣！谓其子曰："与伧人同死，亦无所恨。然汝故宜慎之。"三国魏京师，洛阳。

伧人是六朝南方人对北方人的蔑称！

这则故事，后被南朝宋刘义庆"借"入《世说新语》："陆太尉诣王丞相，王公食以酪。陆还遂病。明日，与王笺云：'昨食酪小过，通夜委顿。民虽吴人，几为伧鬼。'"陆太尉，陆玩。王丞相，王导。笺，书信。

伧鬼简直是南方人对北方人的侮辱！

北人听之任之？No！南人嗜蟹黄，一度被北人嘲笑，北魏杨衒之《洛阳伽蓝记》记载中大夫杨元慎（中原人）对南梁大将陈庆之的羞辱："吴人之鬼，住居建康（南京）。……呷啜莼羹，唼嗍蟹黄。"一般吃食，用筷子夹进嘴，唯独蟹黄，要嘴巴伸向蟹壳或蟹身，咂嘴吮吸，唼嗍（shà suō）也。"唼嗍"两字，运用虽极妙，但气人也太甚！

饮食带来南北的交融和冲突！同样，更带来中西的交融和冲突。我直到现在，一吃汉堡，必拉肚子（里面有奶酪）。赶紧补充体力，吃碗泡饭（开水淘饭），落胃！北人梁实秋先生在友人家早餐后感言："干噎惯了的人就觉得委屈，如果不算是虐待。"

上海人练就的泡饭胃，独步天下！走遍全世界的所有地方，若碰上用开水淘饭吃得津津有味的人，一定是上海人。乳腐筷子点一点，一碗泡饭落胃口。借此绝世武功，泡饭助力上海人度过艰辛的两个号头。

酪由奶提炼，故又称奶酪。人生而食乳，别论。奶酪并非人人皆宜（吐拉委顿者不少），《本草纲目》："酪【集解】〔恭曰〕牛、羊、水牛、马乳，并可作酪。水牛乳作者，浓厚味胜。〔藏器曰〕酪有干、湿，干酪更强。"恭，苏恭；藏器，陈藏器。二位皆唐朝医药大家。

"〔时珍曰〕按《臞仙神隐》云：造法：用乳半杓，锅内炒过，入余乳熬数十沸，常以杓纵横搅之，乃倾出罐盛。待冷，掠取浮皮以为酥。入旧酪少许，纸封放之，即成矣。又干酪法：以酪晒结，掠去浮皮再晒，至皮尽，却入釜中炒少时，器盛，曝令可作块，收用。"《臞仙神隐》，明朱权（1378—1448）撰。

酪的制法很简单，"入乳熬数十沸"使渐干之（半凝固状），即可。若作干酪，曝晒成块。法国的臭 cheese，有其独特的发酵法，或在深洞里使霉之臭，或在太阳下使晒之臭。

"曝令可作块，收用"，如若忘了"收用"，中国人早已发明臭 cheese！很多美食，皆出无意，臭 cheese 如此，臭豆腐亦然。

予归类的"酪"，无一条臭者，盖因没有晒到位、晒出那个味！明末大家张岱《陶庵梦忆》"乳酪"条云："余自豢一牛，夜取乳置盆盎，比晓，乳花簇起尺许，用铜铛煮之，瀹兰雪汁，乳斤和汁四瓯，百沸之。玉液珠胶，雪腴霜腻，吹气胜兰，沁入肺腑，自是天供。"

"吹气胜兰"，no 臭 no cheese 味！

酪，"玉液珠胶，雪腴霜腻"，张岱，大食家也！岱本蜀人，明亡不仕，后半生隐居绍兴，绍兴有妙物四臭（臭豆腐、臭冬瓜、臭苋梗、臭千张），张岱不嗜邪？明末哪里有臭豆腐！

李时珍所引酪制法，关键一句："掠取浮皮以为酥。"

"以为酥"，以此做酥，元忽思慧《饮膳正要》"酥油"条：

"牛乳中取浮凝，熬而为酥。"言简一如现场制酥。

今凡美食爱好者、主持人或家者，皆知一词：入口即化，使用频率已至化境！始作俑者，南宋西湖老人，《西湖老人繁胜录》："酥蜜裹食，天下无比，入口便化。"建炎南渡，南方临安人才享受到北方中原"入口即化"的酥的待遇。

中原人很长一段时间（魏晋南北朝至宋元）喜食酪酥，与古人在一千五百年前已掌握"酪酥"制法不无关系 [注2]。《齐民要术》"抨酥法"，缪启愉先生（大学就读于老上海）注曰："酥，即酥油，也叫黄油，又从英文 butter 译称'白脱'。"

酥，再有一称：马思哥油，《饮膳正要》："取净牛奶子，不住手用阿赤（即打油木器也）打取浮凝者，为马思哥油。今亦云'白酥油'。"白酥油，白脱也。老上海一向称奶油为白脱。

酪酥，历代笔记最早所纪，恰是三国魏邯郸淳的《笑林》，次则见于《世说新语》："陆机诣王武子（王济），武子前置数斛羊酪，指以示陆曰：'卿江东何以敌此？'陆云：'有千里莼羹，但未下盐豉耳！'"陆机哪里人？苏州人。（参见拙文《千里莼羹》，收入《古人的餐桌·第二席》。）

北宋官府甚至设置有"乳酪院"，孟元老《东京梦华录》："外诸司：左右金吾街仗司、法酒库、内酒坊、牛羊司、乳酪院、仪鸾司（帐设局也）。"相对于"内诸司"，外诸司设在皇宫外。

东京有七十二正店（参见本书《东京梦华》），其一为"乳酪张家"："唯州桥炭张家、乳酪张家，不放前项人入店，亦不卖下酒，唯以好淹藏菜蔬，卖一色好酒。"（"饮食果子"条）前项人，指进店"卖下酒""换汤斟酒""下等妓女不呼自来筵前歌唱""卖药或果实萝卜之类"人等。

"乳酪张家"，高级酒店也。就差等北京"天上人间"上海"白马会所"！一间一所，恭请读者自问度娘。

《梦粱录》"除夜"条，"是日，内司意思局进呈精巧消夜果子合"，如"蜜酥、小蚫螺酥"等品。《梦粱录》"夜市"条，"市西坊卖蚫螺滴酥，观桥大街卖豆儿糕、轻饧"。

《梦粱录》的"蚫螺滴酥"，即《武林旧事》的"滴酥鲍螺"（蚫，通"鲍"。[注3]），硬酥也，类似鲍鱼口感的甜鲍，被张岱赞为"带骨鲍螺，天下称至味"！

还有更至味的吗？有！醍醐。

清乾隆进士阮葵生《茶余客话》云："酪之属不同，质与精气俱存曰酪，酪之精曰酥，酥之精曰醍醐。"乳之精：酪；酪之精：酥；酥之精：醍醐。

醍醐是乳之精精精，被元末明初大家陶宗仪列入"迤北八珍"，《南村辍耕录》："所谓八珍，则醍醐、麆沆、野驼蹄、鹿唇、驼乳糜、天鹅炙、紫玉浆、玄玉浆也。"醍醐列首，可想其味！

醍醐又称醍醐油，《饮膳正要》"醍醐油"条："取上等酥油，约重千斤之上者，煎熬过滤净，用大磁瓮贮之。冬月取瓮中心不冻者，谓之醍醐。"予老眼昏花，取来多个版本，各校几遍，是"重千斤"。元朝有那么大的铲车？

《梦粱录》"分茶酒店"条，有"十色蜜煎蚫螺"、"马院醍醐、乳酪"，酪、酥、醍醐，一个不漏，齐活！

李时珍引北宋药学家寇宗奭言曰："作酪时，上一重凝者为酥，酥上，如油者为醍醐。"寥寥十八字，以为酪、酥、醍醐。

陶弘景曰："佛书称：乳成酪，酪成酥，酥成醍醐。"用字仅十，阿弥陀佛！

醍醐灌顶！

[注1]《笑林》，三国魏邯郸淳撰，我国最早笑话小说，原书已佚，鲁迅《古小说钩沉》收辑。

[注2]北魏贾思勰《齐民要术》（成书于公元6世纪30—40年代），《养羊第五十七·作酪法》："牛羊乳皆得。……抨讫（得乳），于铛釜中缓火煎之——火急则着底焦。常以正月、二月预收干牛羊矢（粪）煎乳第一，好：草既灰汁，柴又喜焦，干粪火软，无此二患。常以杓扬乳，勿令溢出。时复彻底纵横直勾，慎勿圆搅，圆搅喜断。亦勿口吹，吹则解。四五沸便止。泻着盆中，勿便扬之。待小冷，掠取乳皮，着别器中，以为酥。"新林案：括弧内为予加注，另："作干酪法""抨酥法"略。

[注3]南宋周密《武林旧事》"元夕"条："节食所尚，则乳糖、圆子……澄沙团子、滴酥鲍螺、酪面……十般糖之类。"

羹浓朣稠

李渔是今人推崇的古代美食家，文采斐然，美食理论又甚佳，唯其曰"汤即羹之别名也"，予甚不认同！

来碗"连用汤"（参见本书《汤的演变》），何如？

汤是汤，汤清羹浓。我1985年读大学时，学校食堂供应免费大众汤，清汤光水的大保温桶里，漂着几片菜叶和几根肉丝。四年后，饭量一斤的同学练就了绝世武功，用大勺子撩清汤，保温桶里轻轻兜上一圈，手腕再猛地往下一沉，撩起。一碗大众清汤，居然撩进二根肉丝和三片菜叶。

羹是羹，羹浓汤清。汤有个演变的过程，羹从古到今浓稠绵延。《礼记·曲礼》："羹之有菜者用梜，其无菜者不用梜。"[注1] 梜（jiá），筷子。羹里有菜用筷子夹。"其无菜者不用梜"，羹里没菜用大汤勺？又不是大众汤！

"其无菜者"：肉汁羹也，拿起碗直接歠（音 chuò，饮也）；狗肉羹兔肉羹，用调羹（匕）舀着喝。上古之羹都有肉，郑注译成白话："有菜者"是菜肉羹，"无菜者"是纯肉羹。都很浓稠，哪还需要绝世武功！

郑玄是马融的高徒，《后汉书·马融传》："融才高博洽，为世通儒，教养诸生，常有千数。涿郡卢植，北海郑玄，皆其徒也。善鼓琴，好吹笛，达生任性，不拘儒者之节。"

马融（79—166）是通儒，却不拘儒节，门生之多，常有千数。东汉被史家推崇为历史上"风化最美、儒学最盛"的时代。[注2]

梁启超认为："东汉百余年间，孔学之全盛，实达于极点。西汉传经，仅凭口说，而东汉则著书极盛也。（东汉则除贾、马、许、郑、服、何诸大家，著述传世人人共见者不计外，其《儒林传》所载，如周防著四十万言……，其余数万言者，尚指不甚屈。）"

贾、马、许、郑、服、何，东汉六大家：贾逵、马融、许慎、郑玄、服虔、何晏。《儒林传》指《后汉书·儒林列传》，"许慎字叔重，汝南召陵人也。性淳笃，少博学经籍，马融常推敬之"，马融推崇许慎。

梁启超提及的人物，均是东汉儒家的顶尖人物。未提及者，《文苑列传》之王逸（"顺帝时为侍中，著《楚辞章句》行于世"），汉顺帝（125—144 在位）初年，郑玄（127—200）刚学会走路。

《楚辞·招魂》[注3]"露鸡臛蠵"，王逸注曰："有菜曰羹，无菜曰臛。"臛，肉羹也。这个注释简洁明了，等同于："有菜者"是菜肉羹，"无菜者"是纯肉羹。

公元前 296 年，楚怀王客死于秦。屈原痛心疾首，作《招魂》以招怀王之魂。招魂必定伴随祭礼祀飨亡魂，王之待遇，不仅唯"露鸡臛蠵",故前句有曰："肥牛之腱，臑若芳些。和酸若苦，陈吴羹些。臑鳖炮羔，有柘浆些。鹄酸臇凫，煎鸿鸧些。"[注4]

供上肥牛的筋腱，煮烂散发肉香。酸苦的调和，是吴地的浓羹。烂煮甲鱼炮烙羔，是浓稠的饮浆。天鹅野鸭炖浓汁，鸿雁鸧鹤煎肥脆！

予喝醉将分兮，翻译楚辞些。魂欲离散兮，云游乎梦地。屈原之痛兮，彻其心扉些。予感同深兮，寻羹臇臛些！

"陈吴羹些"，羹。"鹄酸臇凫"，臇（juǎn）。"露鸡臛蠵"，臛（huò）。羹、臇、臛，一个不少！

"鹄酸臇凫"，王逸注："臇，小臛也。"小臛何意？曹植《名都篇》"脍鲤臇胎虾"，唐李善注曰："臇，少汁臛也。"这个解释明了！臇比臛浓。"臇"字在古文里，见之甚少。

羹、臛待遇较高，出现在二张菜单里。

一、《唐韦巨源食谱》，北宋开国大臣陶穀得到这份菜单，详细记载于《清异录》，计有：冷蟾儿羹（冷蛤蜊）、卯羹（纯兔）；白龙臛（治鳜肉）、青凉臛碎（封狸肉夹脂）。括弧内是陶穀自注，很显然，冷蟾儿羹类似今天的蛤蜊炖蛋。兔子属卯。

二、《隋谢讽食经》，亦载于《清异录》，计有：细供没忽羊羹、剪云析鱼羹、折筯羹、香翠鹑羹；十二香点臛、金丸玉菜臛鳖。

自屈原《招魂》后，"羹臛臇"全体集合，唯段成式《酉阳杂俎》"酒食"条"伊尹干汤"段（参见本书《肉夹于馍》），计有：猪骸羹、白羹、麻羹，鸽臛、蝝臛、黄颔臛、鸽臛，膗臇〔注5〕。

最后的"膗臇"显然出自《招魂》，段爷腹笥繁富，肚子里的浓羹，非仅臛膗。"膗、膹、膩，臛也"（《西阳杂俎》"酒食"条），出自三国魏张揖撰《广雅》："膗膹膩，臛也。"膹，音 fèn。

《说文》比《广雅》早一百多年，《说文》无"臛"字〔注6〕，清段玉裁《说文解字注》："膹，臛也。（《广雅》曰：'膗膹膩，臛也。'臛，俗膗字。）"段玉裁的意思：臛是俗字，膗乃正字。

果真?!

《说文解字注》："膗，臛也。（李善引《苍颉解诂》曰：'膗，少汁臛也。'曹植《七启》曰：'膗汉南之鸣鹑。'《名都篇》曰：'脍鲤膗胎虾'。）"

曹植《七启》收入《文选》，"臛江东之潜鼋，膗汉南之鸣鹑"，唐李善注："《说文》曰：臛：肉羹也。《苍颉解诂》曰：膗，少汁臛也。"

《文选》目前最早的版本为《唐钞文选集注汇存》（上海古籍出版社），是书经专家鉴定为唐抄本无疑。屈原《招魂》之"鹄酸膗臇""露鸡臛蠵"，曹植《七启》之"臛江东之潜鼋，膗汉南之鸣鹑"，唐抄本除"膗"作"膁"，余字皆不变（包括

"李善注")［注7］。

《唐钞本》是"腝"而非"臛"！

段玉裁绕来绕去，最终绕不过"腝"字。祖师爷定下的"臛"，怎么着也得遵循师门！

《说文解字注》："臛，肉羹也。（《礼经》'牛腝、羊臐、豕膮'，郑云'今时臛也'。是今谓之臛，古谓之羹。臛字不见于古经而见于《招魂》，王逸曰：'有菜曰羹，无菜曰臛。'王说与《礼》合。）"

《礼经》，指《仪礼》。碰巧予最近一直沉醉于《三礼》（《仪礼》《周礼》《礼记》），于《礼经》小有研究。从古到今，所有版本，以《十三经注疏》"清阮元校刻"本（元刻明修南雍本作底本）为例，《仪礼·公食大夫礼》："腝以东，臐、膮、牛炙"，郑注曰："腝、臐、膮，今时臛也。"

是"臛"而非"腝"！

"腝字不见古经"，段玉裁为维护宗师的尊严，大义凛然，挺身而出！若离经叛道，则为后世唾。

朱熹（1130—1200）是"古经"的权威，宋刊元明递修本（书版屡经修补后刷印的书本）《仪礼经传通解》（是书今藏东京大学东洋文化研究所），《家礼三·内则》："膳：腝、臐、膮、醢、牛炙；醢、牛胾、醢、牛脍；羊炙、羊胾、醢、豕炙；醢、豕胾、芥酱、鱼脍；雉、兔、鹑、鷃。"详注参见本书《不食去食》，朱熹引孔疏曰："《公食礼》云：腝一谓牛腝也，臐二谓羊臛也，膮三谓豕臛也，牛炙四炙牛肉也。"

《宋刊本》赫然是"臛"而非"臞"！

"臞"字当然不见于古经！！！

景宋本〔绍熙三年（1192）〕《礼记正义》（中国书店 1985年印本）为《礼记》注疏合刻之第一祖本，"正义曰：知'上大夫之礼，庶羞二十豆'者，按《公食大夫礼》文云：'二十豆者，膷一，谓牛臛也；臐二，谓羊臛也；膮三，谓豕臛也；牛炙四，炙牛肉也。……'"

《景宋本》亦赫然是"臛"！

《说文解字注》里有一句话："说解中有此字，或偶尔从俗，或后人妄改，疑不能明也。"（案：文中"字"指许氏释文而非10 516 个"经字"）段氏此言，发自肺腑。予也是感慨万千，从古到今，居然无人质疑过《说文》的"经字"！

我想说的是：在许慎的字典里，从来没有过"臞"字。

［注1］汉郑玄注、唐孔颖达疏《礼记正义》："羹之有菜者用梜，其无菜者不用梜。"郑注："梜犹箸也。今人或谓箸为梜提。"孔疏："'有菜者'为铏羹是也，以其有菜交横，非梜不可。'无菜者'谓大羹湇也，直歠之而已。其有肉调者，犬羹兔羹之属，或当用匕也。"新林案：铏羹是盛于铏、有菜的菜肉羹，大羹是不加盐菜、佐料的纯肉羹。匕，匙也。《仪礼·公食大夫礼》郑注："铏，菜和羹之器。"《仪礼·士昏礼》："大羹湇在爨。"郑注："大羹湇，煮肉汁也。大古之羹无盐菜。

纂，火上。"渍（qì），肉汁。

[注2] 司马光《资治通鉴·汉纪》："自三代既亡，风化之美，未有若东汉之盛者也！"梁启超《论中国学术思想变迁之大势·儒学统一时代》："（五）极盛时代。东汉百余年间，孔学之全盛，实达于极点。西汉传经，仅凭口说，而东汉则著书极盛也。……故谓东京儒术之盛，上轶往轨，下绝来尘，非过言也。"新林案：此处东京指洛阳。梁启超《新民说·论私德》附《中国历代民德升降表》，表分六级，东汉为唯一的最高等级，究其原因："东汉〔学术〕儒学最盛时代，收孔教之良果。〔生计〕复苏。〔民德〕尚气节，崇廉耻，风俗称最美！"

[注3] 王逸《楚辞章句·招魂》："《序》曰：招魂者，宋玉之所作也。"新林案：《招魂》"序"为王逸增注，目前学界普遍认为《招魂》为屈原作，《史记·屈原贾生列传》："太史公曰：余读《离骚》《天问》《招魂》《哀郢》，悲其志。适长沙，观屈原所自沈渊，未尝不垂涕，想见其为人。"沈，同"沉"。

[注4] 王逸《楚辞章句·招魂》："肥牛之腱，臑若芳些。和酸若苦，陈吴羹些。（言吴人工作羹，和调甘酸，其味若苦而后甘也。）臑鳖炮羔，有柘浆些。鹄酸臇凫，（臇，小臛也。）煎鸿鸧些。（鸿，鸿雁也。鸧，鸧鹤也。言复以酢酱烹鹄为羹。小臇臛凫，煎熬鸿鸧，令之肥美也。）露鸡臛蠵，（露鸡，露栖鸡也。有菜曰羹，无菜曰臛。蠵，大龟也。）厉而不爽些。（厉，烈也。爽，败也。楚人名羹曰爽。言乃复烹露栖之肥鸡，臛蠵龟之肉，其味清烈不败也。）"新林案：括弧内是王逸注。"言吴人工作羹"，疑衍"工"字。另：鹄，天鹅。鸿，雁也，

参见拙文《燕雀鸿鹄》（收入《古人的餐桌·第二席》）。

[注5] 新林案：螇，蚌也。黄颔䑋，《南齐书·虞悰传》："悰善为滋味，和齐皆有方法。豫章王嶷盛馔享宾，谓悰曰：'今日肴羞，宁有所遗不？'悰曰：'恨无黄颔䑋，何曾《食疏》所载也。'"

[注6] 新林案：《说文》收字 9 353 个，重文（异体字）1 163 个，计 10 516 字。释文 133 441 字。

[注7]《汉语大字典》2102 页："劈，同'膌'，《文选·曹植·七启八首》：'膌江东之潜鼍，劈汉南之鸣鹑。'李善注引《苍颉解诂》曰：'劈，少汁膌也。'"

伟哉海鳅

古人描写鲸鱼，气势磅礴，张华《博物志》："鲸鱼大者数十里，小者尤数十丈。"崔豹《古今注》："鲸鱼者，海鱼也。大者长千里，小者数十丈。"两位西晋高人，崔豹以"千里"完胜张华"数十里"！

一般来说，唐宋以前的笔记小说，极富想象，颇多志异，故"千里"之鲸，不足为怪。

按说到了明朝，郑和七下西洋，国人开过眼界，鲸鱼的长度总该量出个大概吧？非也，明吏部尚书张瀚《松窗梦语》曾记载二位朝臣出使琉球，"船长一十六丈，阔三丈六尺，桅高与船等"[注1]，海上见闻，"至往来海上，见巨鱼横亘数十里，草木蒙丛，望之无异山峙，而舟人指示为巨鱼脊"（"卷三南夷纪"）。

张瀚之"数十里"与张华之"数十里"一致，鲸鱼无疑。山峙高耸，"为巨鱼脊"，脊，背脊。

隔了一朝，清学者钮琇《觚剩》亦记载二位朝臣张学礼、王垿出使琉球，"康熙二年，科臣张立庵学礼、王巢云垿，奉使琉球，册封国王尚质。其所纪入海之舟，为梭子形，上下三层，广二丈二尺，高如之，长十八丈，桅之高如之"，海上闻见，"行三日后，见一山横于舟前，首尾约长千丈，以镜照之，乃巨鱼也"。

钮琇之"千丈"（3 200米）与张瀚之"十里"（约5 000米）差之不多，两人闻听所见，当为真实表述。

能够留存于世的笔记小说，作者均是历朝历代的杰出文人，之所以笔出"十里""千丈"，予私以为，概因远观而视觉混淆！清朱翊清《埋忧集》"海大鱼"条："《南汇县志》：国初有大鱼过海口，蠕蠕而行，其高如山，过七昼夜始尽，终未见其首尾。"

古时候的鲸鱼，多到不可胜数，一条接一条的鲸鱼，鱼鳍露出海面，在海里悠悠然"蠕蠕而行"，远远望去，"其高如山"，那时候的鲸鱼，"过七昼夜始尽"。多么的波澜壮阔，多么的富有诗意！

多么的自由自在！在人类还没有打扰它们时，在广阔无垠的大海里，翱翔悠游！

古人对鲸鱼的真实记录，都在岸上。南宋周密《癸辛杂识》载："壬午岁，忽有海鳅长十余丈，阁于江、浙潮沙之上。恶少年皆以梯升其背，脔割而食之。"海鳅，鲸鱼别名。阁，同"搁"，搁浅。恶少胆大，爬梯至鲸鱼背，割食小块肉，味道如何？少年没说，周密不知。

宋1尺＝31.4厘米，10丈＝31.4米，周密记录了古代鲸鱼的真实长度，目前世界上最大的蓝鲸为35米。

元朝周致中《异域志》"大食勿拔国"条载："有大鱼高二丈余，长十丈余，人不敢食，剞膏为油，肋骨可作屋桁，脊骨可作门扇，骨节为舂臼。又有龙涎成块泊岸，人竞取为货卖。"人不敢食，除非是恶少。有龙涎，抹香鲸无疑。

龙涎香，又称"阿末香"，段成式《酉阳杂俎·境异》"拨拔力国"载："土地唯有象牙及阿末香。"龙涎香在唐朝称为阿末香，来自阿拉伯语。段爷无所不晓，阿拉伯语都懂。

段成式是唐朝博物学家、大食家，谢肇淛乃明朝博物学家、大食家，段成式著书《酉阳杂俎》，谢肇淛写作《五杂组》（又名《五杂俎》）。

谢肇淛曰："余家海滨，常见异鱼。一日，有巨鱼如山，长数百尺，乘潮入港，潮落不能自返，拨剌沙际。居民以巨木挂其口，割其肉，至百余石。潮至，复奋鬐浮出，不知所之。"（《五杂组》）谢肇淛以寥寥数十字，描绘出一场惊心动魄！明1尺 = 32厘米，百尺 = 100 × 0.32米 = 32米。数，至少为二，64米。

又记："近时刘参戎炳文过海洋，于乱礁上见一巨鱼横沙际，数百人持斧，移时仅开一肋，肉不甚美，肉中刺骨亦长丈余，刘携数根归以示人。"肉中刺骨长丈余，可想此鱼有多大！

"肉不甚美"，古人的嘴，叼得很啊！

清首任台湾巡察御史黄叔璥《台海使槎录》"海翁鱼"条载："渔人云，大者约三四千斤，小者亦千余斤，皮生沙石，刀箭不入。有自僵者，人从口中入，割取其油，以代膏火。肉粗不可食。"

"肉粗不可食"，这么个庞然大物，怎会细皮嫩肉？海翁鱼，鲸鱼别号。鲸鱼另有一称，海鳅（qiū）。"鳅"字霸气——鱼中酋长也！

与谢肇淛有瓜葛（参见本书《鲨鱼凶猛》）的海洋动物学家屠本畯，描写起海鳅简直骇人心魄："海鳅喷沫，飞洒成雨，其来也移若山岳，乍出乍没。舟人相值，必鸣金鼓以怖之，布米以厌之，鳅攸然而逝！"（《闽中海错疏》）

"攸然而逝"出自《孟子·万章》，赵岐注："攸然迅走，趣水深处也。"海鳅见到人害怕，海洋才是它的天地！

北宋龙衮《江南野史》载："又有海鳅，形如大堤，长数十丈，至于浔阳。值冬水涸，不能旋，每每噞喁，水自脑出，或云海神取其珠矣。迨死，人食其肉，多者至卒。"（卷三"后主"条）噞喁（yǎn yóng），鱼口开合貌。

吃鲸鱼肉的人，多数都死了。龙衮很迷信，"鳅者，鲤之类也。既死，则国亡，其怪谶多若是"。鲸鱼死，则国亡，是为谶。

若海洋里再也见不到鲸鱼，人类的命运可想而知！[注2]

鲸鱼并非鱼类，它们是生活在水中的兽类，属哺乳纲下的鲸目（Cetacea），由18世纪法国博物学家马蒂兰·雅克·布里松命名。"Cetacea"来自拉丁文，意为"鲸"，词源为古希腊文，意为"巨大的鱼"。

巨大的鱼，海中酋长也！

早在一千多年前9世纪的唐朝，刘恂《岭表录异》曰："海鰌，海上最伟者也！"

[注1] 明1尺＝32厘米，长16丈＝160×0.32米≈51米，阔3.6丈＝36×0.32米≈12米。新林案：并参见本书《鲨鱼凶猛》注2。

[注2]《Planet Earth》（《行星地球》）是BBC（英国广播公司）历时五年制作的纪录片，最后一集出现了蓝鲸："海洋占据着地球90%的生存空间，是现有及史上最大动物蓝鲸的家园。它们有些重达200吨，为最大恐龙的两倍。尽管体型巨大，我们仍然不知道在浩瀚的海洋中，它们去往哪里旅行、繁衍。蓝鲸几乎只吃微小的磷虾，每天消耗400万只，如此食量离不开富饶的海洋。全球环境的变化，让蓝鲸赖以生存的浮游生物急剧减少。曾几何时，30万头蓝鲸使海洋充满生机，目前只剩不足9 000头。人类不仅掌握着鲸鱼的命运和未来，还有我们星球上所有生命的存亡。要么灭绝它们，要么关爱它们。而这，都取决于人类自己。"新林案：自工业革命后，船舶渔械发达，人类对海洋大肆掠夺，过度捕捞导致海洋生物急剧减少，加之全球环境持续恶化，人类面临的正是莎翁所谓"TO BE OR NOT TO BE"！

第三辑　水产海鲜

鲎血碧蓝

人类向往大海，向往碧蓝，向往沙滩，向往落日——在海平面消失无踪，映红天际……无忧无虑，信步沙滩，听海浪一涌一退，在心头缓缓舒展，平静而浪漫，如潮如汐，如梦如幻。

三亿年前，两只古怪的海洋动物，就这么在海滩上，一起抬首，随日落而渐渐低垂双目，凝望彼此，相守一生！

鲎（hòu），一种似鱼非鱼、似鳖非鳖、似蟹非蟹、似蝎非蝎、似魟非魟的甲壳类海洋生物。形类甲壳虫，更扁薄而圆，多一长尾。俯视之，犹如一辆古怪的坦克车（尾为火炮）。

古人有绘其形："鲎鱼，其壳莹净，滑如青瓷碗。鏊背，眼在背上，口在腹下。青黑色。腹两傍为六脚，有尾长尺余，三棱如梭茎。"（唐刘恂《岭表录异》）鏊（ào），炊具，平圆中凸（案：鏊凸犹如坦克之炮塔）。

鲎，这个世界上比恐龙早一亿年的最古老海洋动物，慢悠悠爬行在海滩上，一雌一雄，形影不离。刘恂又云："雌常负雄而行，捕者必双得之。若摘去雄者，雌者即自止。背负之，方行。"

如影随形，不离不弃，三亿年啊！这世间有多少的离散，而鲎，依然我行我素，依依相随，"牝牡相随，牝者无目，得牝才行。牝去牡死"（南宋吴曾《能改斋漫录》）。牝，雌也；牡，雄也。

三亿年，看够了人间事，却看不够彼此的痴呆目光！

鲎，左思《吴都赋》："乘鲎鼋鼍，同罟共罗。"晋人刘渊林注曰："鲎，形如惠文冠，青黑色。十二足，似蟹，足悉在腹下，长五六寸。雌常负雄行。渔者取之，必得其双，故曰'乘鲎'。"刘逵，字渊林，以注《三都赋》留名后世。

渔者取之干什么？吃啊！

好不好吃？国家二级保护动物，予想吃但不敢。古人可以，刘恂又曰："腹中有子如绿豆。南人取之，碎其肉脚，和以为酱，食之。尾中有珠如粟，色黄。"

鲎，腹中子有绿豆大，南人取鲎子并碎其肉脚，和以为酱。鲎酱如蟹粉。（案：蟹黄并碎其肉脚，和以为粉，是为蟹粉。）唐段成式《酉阳杂俎》："至今闽岭重鲎子酱。"鲎子酱如纯蟹黄。

鲎子酱美，晋人赞之："交趾龙编县有鲎，形如惠文冠。青黑色，十二足似蟹，长五寸。腹中有子如麻子，取以作酱，尤美。"（西晋张勃《吴录》，注1）

明海洋动物学家屠本畯浓添一笔："雌多子，子如绿豆大而黄色，布满骨骼中。东浙闽广人重之，以为鲊，谓之鲎子酱。"（《闽中海错疏》）布满骨骼中，其子何其多！清屈大均干脆曰："鲎，雌者子满腹中，殆无空隙。"（《广东新语》）

怪不得三亿年前的鲎，能存活到今天！"子满腹中，殆无空隙"，一散大海，万千成长……

鲎子酱并非人人都喜欢，清诗画大家周亮工曰："土人所珍鲎酱、土苗之类，尤不堪下箸也。"（《闽小记》）周亮工的好友李渔在食界（如今的）地位甚高，其《闲情偶寄》曰："海错之至美，人所艳羡而不得食者，为闽之西施舌、江瑶柱二种。西施舌予既食之，独江瑶柱未获一尝，为入闽恨事。"

入闽恨事，不唯瑶柱，鲎见过吗？鲎酱吃过吗？鲎肉尝过吗？

李渔甚至都没见过鲎，你以为李渔是段成式啊！段老曰："鲎，雌常负雄而行，渔者必得其双。南人列肆卖之，雄者少肉。"（《酉阳杂俎》）肉少不够塞牙缝，段老懒得描述其味。

明人王临亨勇敢地站出来，说出鲎味："鲎，形如箕，丑甚。行必雌雄相附，雄常在上，雌常在下，渔者举网，每每两得之。味如蟹。"（《粤剑编》）

"味如蟹"，道出了鲎肉其味。海鲜其实味道都差不多，予与内子旅行三亚，二天六顿海鲜大餐，第三天急着寻个湘菜馆，一大盘两片剁椒大鱼头（胖头鱼，非海鱼），瞬间馨尽，额头出汗，嘴巴辣麻，大呼过瘾！

王临亨是万历十七年（1589）进士，吴震方乃康熙十八年（1679）进士，所撰《岭南杂记》载："鲎鱼与闽同，其子为醢，其壳为杓，其血绿色。烹鲎并血，则味更佳。"岭南，广东地区。醢，肉酱也。

"烹鲎并血，则味更佳"，晚生吴震方的食品，略高于先生王临亨。

高在"并血"食之！屠本畯《闽中海错疏》："其血蔚蓝，熟之纯白，而肉甚甘美。"海洋学家观察细致，"其血蔚蓝，熟之纯白"，这世界上居然有"蔚蓝之血"的生物！

清初博物家屈大均，喜欢逛海鲜市场："渔者杀而卖之，中有清水二升许，不肯弃。云以其水同煮，味乃美。非水也，血也，以色碧，故不知其为血也。"（《广东新语》）

"以色碧，故不知其为血也"，蔚蓝的海水，倒入桶盆里，"清水"无色。屈大均又云："鲎之血与海水同。"

海洋是碧蓝的，这世界上也只有鲎的血，与海水同一色。

鲎来自三亿年前的大海，潮汐潮落，鲎影相随！

[注1] 南宋高似孙《纬略》："《吴录地理志》曰：鲎子如麻，取以为酱，甚美。"新林案：晋张勃《吴录地理志》全书已佚，清王谟从《尚书释文》等经籍中，辑出八十八条成《张勃吴地理志》，收入其所纂《汉唐地理书钞》。

蒲鱼如盘

韩愈谏迎佛骨被贬潮州刺史，政治上失意，口腹上得意，吃了不少内地没有的海鲜，其诗有曰："鲎实如惠文，骨眼相负行。蠔相黏为山，百十各自生。蒲鱼尾如蛇，口眼不相营。蛤即是虾蟆，同实浪异名。章举马甲柱，斗以怪自呈。其余数十种，莫不可叹惊。"（《初南食贻元十八协律》）

鲎、蠔、虾蟆、章举、马甲柱，予皆有作文（参见本书及拙著《古人的餐桌·第二席》），唯"蒲鱼尾如蛇，口眼不相营"未曾着笔。

予读《古文观止》五遍，韩文略四，无他，佶屈聱牙，读起来不爽气，难以理解。（韩愈《进学解》："周诰殷盘，佶屈聱牙！"）

"蒲鱼尾如蛇，口眼不相营"，仅见这十个字，真不知此为何物！好在予对古馔略有小研，且具有八年实打实的功力，释解蒲鱼虽非易如反掌，总好过"佶屈聱牙"。

清初博物家屈大均《广东新语》："昌黎咏鲎诗：'鲎形如惠文，背眼相负行。'其咏蒲鱼云：'蒲鱼尾如蛇，口眼不相营。'蒲鱼者，鱝也。形如盘，大者围七八尺，无鳞，口在腹下，目在额上，尾长有刺，能螫人。肉白多骨，节节相连比，柔脆可食。二物口眼皆与众鱼异，故昌黎并言之。"［注1］二物，指鲎和蒲鱼。

屈大均描绘了蒲鱼的形状，"形如盘，大者围七八尺"，明清1尺＝32厘米，八尺达二米五，一只巨大的盘形蒲鱼，"口在腹下，目在额上，尾长有刺，能螫人"。味道如何？"柔脆可食"，美味也！

屈大均绘形具意，可惜信息量太少，仅多"鱄"一名。晚生于屈氏的吴震方《岭南杂记》载："蒲鱼即鱄鱼，其味甚美，而尾极毒。状若荷叶，大者七八尺，无足无鳞，背青腹白，口在腹下，目在额上，尾长有节，节节连比，熟则脆软。出阳江者多，昌黎诗云'蒲鱼尾如蛇，口眼不相营'者是也。又名海鹞鱼，又名少阳鱼。"

蒲鱼的形状、尺寸，吴氏与屈氏描述相似。蒲鱼其味，屈曰"柔脆可食"，吴言"其味甚美"。后者多加两个名称：海鹞鱼、少阳鱼。

晚清李星辉撰《揭阳县续志》"蒲鱼"条，所述形状、尺寸、味道，与前辈同，名字却多达十数：海鸡、鱄鱼、魟鱼（"魟"或作"鮏"）、鲼鱼、海鹞、蕃蹋鱼、鱢鱼、邵阳鱼、少阳鱼、荷鱼、鲂、鲈鮊鱼、石砺鱼。（案：全文略，看起来太费神！括弧内是李氏自注。）

共计十四个名称，以现代"鱼类分类学"【科】简分，是为蝠鲼科、鳐科、魟科［注2］。古人混淆不清很正常，毕竟没有现代装备，能下水潜泳细观而分类！十四个名称，其最要"字"：鳐、鹞（鳐）、魟，即①蝠鳐（头分叉像蝙蝠、尾细）；②鳐鱼（头与身联、尾巴粗大无尾刺）；③魟鱼（身如团扇、尾长尖细且有尾刺）。

非常凑巧，晚清训诂大家郝懿行《记海错》"老般鱼"条，居然也有十四个名称：老般鱼、老盘鱼、蕃踰鱼（一曰蕃羽鱼）、鳐鱼、黄里、黄金牛、海鳐鱼、蕃遏鱼（"遏"疑当作"羽"）、荷鱼、少阳鱼（"少"亦作"邵"）、命鱼。

郝氏之鱼，与李氏同者仅五：鳐鱼、海鳐鱼（海鹞）、蕃遏鱼（蕃蹋鱼）、荷鱼、少阳鱼。

全文略，择其要言："头与身连，非无头也。尾如彘尾而无毛。""体有涎，鲑；软甲，甲边鬐皆软骨。骨如竹节，正白。然其肉蒸食之美也！其骨柔脆，亦可啖之。"彘，猪。鲑，同"腥"。

此鱼（头与身联、尾巴粗大无尾刺），鳐鱼也！

清施鸿保《闽杂记》："魟鱼，形似蝙蝠。大者如车轮，口在颔下，眼后有耳，色多紫黑，无鳞，尾端有刺，能螫人。"

此"魟"（头分叉像蝙蝠、尾细），蝠鳐也！

李星辉的十四个"蒲鱼"名称，除去"鳐"、"鹞（鳐）"，余多为"魟"。魟鱼，亦是其现代学名。

魟鱼的学名，来自一千多年前唐朝那个无所不知、无所不晓的大博物家段成式："黄魟鱼，色黄无鳞，头尖，身似大槲

叶。口在颔下，眼后有耳，窍通于脑。尾长一尺，末三刺甚毒。（魟音烘。）"（《酉阳杂俎》）

段成式是巨人，后人站在他的肩膀上，向前纵跃，南宋陈耆卿《嘉定赤城志》"魟"条："形圆似扇，无鳞，口向下，尾长于身。最大曰鲸魟，次曰锦魟，又次曰黄魟。"嘉定，南宋年号。赤城，古台州别名。

罗濬又进一步，《宝庆四明志》"魟鱼"条："形圆似扇，无鳞，色紫黑。口在腹下，尾长于身，如狸鼠。其最大曰鲛魟，即与鲛鱼可错靶者同是，鲛与魟皆一类矣。其次曰锦魟，皮亦沙涩，擦去沙，煮烂与鳖裙同。又次曰黄魟，差小，背黑腹黄。"宝庆，南宋年号。四明，古宁波别称。差小，比较小。

"鲛与魟皆一类"，魟鱼是鲨鱼的近亲，作为一个南宋人，罗濬已认识到这点，不得不叹，古人真俊杰！"煮烂与鳖裙同"，不得不服，罗濬真食家！

锦魟大于黄魟，晚清郭柏苍《海错百一录》："锦魟，即黄貂，似燕而嘴尖，身有花点，大者四五百斤，泥魟、扫帚魟、水沉魟皆腥秽不及也。"郭柏苍只认锦魟，四五百斤，其他"皆腥秽不及"也。

锦魟，学名赤魟，俗称黄貂鱼，明海洋动物学家屠本畯《闽中海错疏》："黄貂，似燕而嘴尖。土人薧以为鲞，伪作燕。（按：魟，其种不一，而骨肉同，诸魟以黄貂为第一。）"括弧内是屠氏自注。

清郭柏苍、明屠本畯之"黄貂"，即唐段成式之"黄魟鱼"[注3]。段爷非常精准地描述了黄貂鱼（赤魟）的尾长尖细且有尾刺，"尾长一尺，末三刺甚毒"。

"诸魟以黄貂为第一"，何为第一？好吃第一！

屠本畯既记黄魟，又述黑魟，《闽中海错疏》："黑魟，形如团扇，口在腹下，无鳞，软骨，紫黑色，尾长于身，能螫人。（此鱼头圆秃如燕，身圆褊如簸，尾圆长如牛尾，其尾极毒，能螫人，有中之者，日夜号呼不止。以其首似燕，名燕魟鱼，以其尾似牛尾，故又名牛尾鱼。其味美在肝，俗呼鲼鱼。）"

"味美在肝"，道出屠本畯大食家也！屠氏虽为浙人，《闽中海错疏》却记闽中海错，"俗呼鲼鱼"呼的是闽人语。

清嘉道名臣、闽人梁章钜"余就养东瓯逾年，所尝海味殆遍，实皆乡味也"（《浪迹三谈》），说他在温州休养（"就养东瓯"），遍尝海味，皆家乡味，"鲼鱼，俗名锅盖鱼，肖其形也。其美全在肝，他乡人鲜知味者"，其美全在肝，梁章钜是知味者！

从唐至清，历代食家，郭柏苍算一个："黑魟，魟鱼之最小者。《海族志》：形如团扇，口在腹下，无鳞软骨，紫黑色，尾长于身，能螫人。"

"苍按：即燕魟，肉润但味如积溺耳。"溺，读 niào！

［注1］中华书局1985年版《广东新语》出版说明："有价值的

著作，绝不是暴力可以禁绝的，所以今天仍能看到康熙三十九年（庚辰）木天阁原刻本和另一种乾隆年间的翻刻本，惟后者错字较多，'木天阁'亦刻成'水天阁'。"新林案：此书面世版本绝少，中华书局误"鳖形如惠文"为"鳖形如车文"。

[注2]以现代"鱼类分类学"纲目科简略分阶：鳐鲼魟皆属[软骨鱼纲]之[下孔总目]。【下孔总目】→①【鳐形目】②【鲼形目】。①【鳐形目】→①. 1 [犁头鳐亚目]①. 2 [鳐亚目]。①. 1 [犁头鳐亚目]主要分为：①. 1.1 [犁头鳐科]①. 1.2 [团扇鳐科]。①. 2 [鳐亚目]主要分为：①. 2.1 [鳐科]①. 2.2 [无鳍鳐科]。②【鲼形目】→②. 1 [魟亚目]②. 2 [蝠鲼亚目]。②. 1 [魟亚目]主要分为：②. 1.1 [魟科]②. 1.2 [燕魟科]；②. 2 [蝠鲼亚目]主要是[蝠鲼科]。

[注3]民国刘绍宽撰《平阳县志·食用动物类》"魟鱼"条："有名黄魟者，亦名赤鳐，又名黄貂鱼，背部淡黄，躯侧淡红，尾长有锐刺，能蜇人。其肉可食。"平阳，隶属温州。

蠣生如玉

上海普通百姓，蛮有吃福。河蟹，吃阳澄湖；海蟹，吃舟山渔场。两地离上海近，时节一到，供应充足。舟山渔场 8 月开捕，菜市场梭子蟹堆尖高起、价廉物美。舟山开捕的梭子蟹，是大自然赐予人类的野生群种。市场里一年到头都有的活梭子蟹，放苗养殖货。

前几天 38℃，今朝天晴日朗，高温恐将持续。早起买菜，下楼（六楼）出门，一股热浪，扑面而来。躲进隔壁小超市，空调凉爽。至冷柜处，忽见一堆梭子蟹。瞄一眼，拎起，一掂一捏，知蟹新鲜，再看价格，实惠。挑选四个，三斤 80 元，每只超七两。

挑梭子蟹有讲究，多数人只会掂，以为重者佳。我还要一捏，硬者为上品。掂会失误（掀开壳空），捏则完胜。至于捏哪个部位，只有蟹晓得！

梭子蟹，上海人亦称为白蟹。壳青腹白，蟹钳蓝紫斑白。新鲜梭子蟹，蟹壳青纯，蟹腹洁白；蟹钳蓝紫，色莹晶亮。新鲜梭子蟹以清蒸为上，蒸熟后掀开锅盖，海腥蟹韵，一馋入鼻；通红蟹壳，二馋入眼；雪白蟹肉，三馋入嘴。

清蒸梭子蟹，予喜蘸食米醋（糖入搅拌）。清蒸大闸蟹，则蘸香醋。

许多食物，从生到熟，外观会起美妙的变化，梭子蟹亦然，从青蓝紫到红彤彤（唯白点不变），古人有绘其色："生时色青，熟则变红。"（清《揭阳县续志》"蠘"条。揭阳县，隶属广东潮汕。）

人过五十，拿只梭子蟹颠来倒去仔细观看，是为一趣！

白蟹既非全白，总有成名的理由。白蟹其名，南宋始有，吴自牧《梦粱录》"诸色杂货"条："又有挑担抬盘架，买卖江鱼、石首……白蟹、河蟹、河虾、田鸡等物。"白蟹、河蟹，两种蟹。

又，《西湖老人繁胜录》"食店"条："海鲜头羹……白蟹、香螺、辣螺、石首、蝤蛑……螃蟹。"白蟹、蝤蛑（青蟹）、螃蟹（河蟹），三种蟹。

历代笔记，无"梭子蟹"之名，白蟹是别名，正名为蠘（jié）。明何乔远《闽书》："蟳螯光圆，蠘螯有棱而长。"蟳，青蟹。蠘，"螯有棱而长"，多少长？

清黄叔璥《台海使槎录》"蟹"条："巨者螯长六七寸，壳有斑文，呼曰青脚蠘。"清朝 1 尺＝32 厘米，6 寸＝19.2 厘米。予也曾特意丈量，七两的梭子蟹，螯长六寸，近 20 厘米。

"青脚蠘"意甚明了，但"蠘"出其名，总有其因："蠘，似蟹而大壳，两傍尖出而多黄，螯有棱锯利，截物如剪，故曰蠘。"（明屠本畯《闽中海错疏》）

北宋宰相、多领域博物大家苏颂《本草图经》"蟹"条："阔壳而多黄者名蝤，生南海中，其螯最锐，断物如芟刈焉。"芟刈（shān yì），割草也。

苏颂"断物如芟刈"比屠氏"截物如剪"形象雅致，但后者以"截"引"蝤"，意甚高明！予每次买回梭子蟹，洗刷时总觉其螯"有稜锯利"，若是活蟹断不敢以手触之，怕它"截物如剪"断我手指。

古人对梭子蟹的描述，以清施鸿保为最："蝤与蟳同类而异，蟳壳圆如常蟹，两螯一大一小。蝤则两旁有尖稜如梭，两螯皆长，中亦有齿若锯，惟后两足则与蟳同扁而圆。"（《闽杂记》）

蟳，即青蟹，又名蝤蛑，拙文《蝤蛑螯然》（收入《古人的餐桌·第二席》）曾描写"后两足确如划船的桨——薄而阔"，类施氏所谓"后两足则与蟳同扁而圆"。

苏颂绘"蟳"，简白形象："扁而最大、后足阔者为蝤蛑，岭南人谓之拨棹子，以后脚形如棹也。一名蟳。"棹（zhào），船桨，"桂棹兮兰桨，击空明兮溯流光"……

青蟹、白蟹都在大海里，大家都是要游泳的嘛！

施氏"两旁有尖稜如梭""两螯皆长，中亦有齿若锯"描写精准！梭子蟹的蟹壳前缘与钳臂，有尖刺罗列，刷洗时要特别小心。

施鸿保虽为浙人，但常往来于闽，故又曰："闽俗尚蟳而不尚蟳，故蟳价每高于蟹几倍。冬月市上，亦但有腌蟹而无腌蟳。"有清一代，闽南习俗，偏重青蟹。价格体现风俗，价高者，俗尚也！

尚蟳不尚蟹，与施鸿保同时代的闽人郭柏苍甚为赞同："形如蟳而分牝牡产，贱于蟳。无膏者为彭蟹。牝者膏满。"（《海错百一录》"蟹"条）"牝者膏满"，牝是母，膏即黄。

"无膏者为彭蟹"，我从小到大，吃的都是"彭蟹"？办公室邻座小伙，闽人，与老家通话，从不瞒我们。别说一句话，一个字都听不懂！"彭"字何意？《说文》："彭，鼓声也。"予私以为，鼓空（"无膏"）则声。

尚蟳不尚蟹，晚苏颂十六年生而同年逝的千古文人苏轼《丁公默送蝤蛑》有诗句曰："半壳含黄宜点酒，两螯斫雪劝加餐。"

"两螯斫雪"，螯白如雪！

我忽然想起，前年此时，为写《蝤蛑螯然》，查历代笔记的青蟹，最终从"螯"字上寻到突破口。既然《梦粱录》《西湖老人繁胜录》里有"白蟹"两字（但未提供任何线索），他书则必然有之。

八年来校看四百多本历代笔记（饮食部分，包括历代《本草》、各地《州县志》），存有二百五十万原始文字，可惜"白蟹"（含蟹）条仅十八。

凭借第六感，查沿海州县志。闽粤无望，不如查近沪沿海。

宁波盛产海鲜，南宋罗濬撰《宝庆四明志·卷四·叙产》〔始书于宝庆二年（1226），越两年成书〕："簬，俗呼为蟹。圆脐者牝，尖者牡也。经霜则有赤膏，俗呼母蟹，亦曰赤蟹。无膏曰白暨。"（文渊阁《四库全书》）簬（jié），海蟹。暨，《康熙字典》查不出与蟹有丝毫关系。

《四库全书》是康熙之孙乾隆策划主持，由纪晓岚等三百六十多位大臣、学者编撰，三千八百多人抄写，耗时十三年（实际经历了二十多年）编成的——中国古代最大的文化工程。

"无膏曰白暨"，"白暨"何物？！

台州邻近宁波，南宋陈耆卿撰《嘉定赤城志·卷三十六·土产》〔成书于嘉定十六年（1223）〕："蟹，类蝤蛑而壳锐，螯钳利，断截如剪，故一名曰蟛。有赤膏者俗呼为母蟹。冬以卤渍之曰刚蟹。其无膏者曰白蟹。"（文渊阁《四库全书》）赤城，古台州别称。

"无膏者曰白蟹"，噢噢噢……耶！目标接近，可《嘉定赤城志》毕竟是南宋台州府志，虽然台州离宁波较近，但宜谨宜慎！古代书籍，版本较多，善本为上。找到《宝庆四明志》"宋宝庆年间钞本"的影印本，真相大白："无膏曰白蟹。"他奶奶的，《钦定四库全书》也会错？纪晓岚啊纪晓岚，你胆子够大啊！

元王元恭《至正四明续志》："蟹，一名簬，字或作蟛。八跪二螯，八足折而容俯，故谓之跪；两螯倨而容仰，故谓之螯。七八月出者曰白蟹。经霜后腹膏红者曰赤蟹。"写实而精彩！

农历七月正是公历八月。白蟹其名，简白如此：白曰其内，而非其外。真相既白，伤透我辈食蟹的心情啊！好在饱满的梭子蟹，蒸而熟之，虽无膏黄，丝丝蟹肉，浓孕大海气息，纯鲜而绵柔！

膏没有，螯依然！白蟹之螯，犹如青蟹，至为关键。陈耆卿曰："蟹，类蜱蛴而壳锐，螯铦利，断截如剪，故一名曰蜡。"陈氏眼里，蟹就是蜡，河蟹则属于旁类："螃蟹，俗呼曰蟹，螯跪带毛。"

螃蟹只能横行，又不会在大海里游泳！

蜡螯锐利，从宋至清，历代大家，描述精彩：北宋苏颂"其螯最锐，断物如芟刈焉"，南宋陈耆卿"螯铦利，断截如剪"，明屠本畯"螯有棱锯利"，清施鸿保"两螯皆长，中亦有齿若锯"。古人作文，或疏或密，字不过十，然描述皆精准！

陈耆卿前言"故一名曰蜡"，后语："有赤膏者俗呼为母蟹。"海人豪迈，口气颇大，同朝罗濬附曰："经霜则有赤膏，俗呼母蟹，亦曰赤蟹。"元人王元恭跟进："经霜后腹膏红者曰赤蟹。"清人屈大均亦唱和："膏多则又曰母蟹"（《广东新语》）。膏乃黄也，膏喻其凝！

陈耆卿是台州人，再接一语："冬以卤渍之曰刚蟹。"以卤渍之，腌也。"刚蟹"即施鸿保之"腌蜡"。"刚"字何意？台州离温州更近，温州话列中国难懂方言之最，台州话恐怕亦深亦奥！

郭柏苍是闽人，前曰"牝者膏满"，后叙："细切生蟹，先入薄盐、高粱少许，临馔加姜、葱、香油、胡椒、醋、豉，名曰蟹生。"牝，雌也。无论河蟹、海蟹，醉雌不醉雄。

蟹生，即施氏之"腌蟹"、陈氏之"刚蟹"。今人名之：炝蟹。

"经霜则有赤膏"。年（农历）前，兄弟送我一只炝蟹，产地舟山，一掀其盖：

肉白如玉，膏黄似金！

虾兵蟹将

小时候最喜欢看动画片《大闹天宫》。孙悟空下龙宫取金箍棒，一群虾兵蟹将挡道，模样各个古怪，每看到此，会非常开心。但又是长长的失望！前面人头一歪，一个虾兵漏掉，再一晃，一员蟹将不见。

看了近十次，没见过完整版——我都是站在人家门口从人头缝里踮着脚看的。

"虾兵蟹将"，古人称之为"水族中的介品"。介，甲也，"虾兵蟹将"着甲防身，否则怎吃得起悟空一巴掌！

水族中的介品，即虾、蟹、龟、鳖，身着"盔甲"，模样古怪。明清以前，古人甚至未敢一尝龙虾滋味（参见拙文《贵虾姓龙》，收入《古人的餐桌·第二席》），龙虾其形，张牙舞爪、目睛凸出、龙须挥舞，着实可怕！

模样古怪的非止龙虾，东汉郭宪《汉武帝别国洞冥记》（简称《洞冥记》）："善苑国尝贡一蟹，长九尺，有百足四螯，因名百足蟹。"汉 1 尺 = 23.1 厘米，九尺 ≈ 2 米，这只百足四螯、长达 2 米的蟹，是古人记录的"第一只螃蟹"。

唐宋以前的历代笔记，想象力如天马行空，百足四螯、长达 2 米的蟹，谁人敢吃！唐宋以后的历代笔记，着重纪实，"蟹将"有大有小，模样各个古怪，令人十分好奇。

南宋洪迈《容斋随笔》载："文登吕亢，多识草木虫鱼。守官台州临海，命工作《蟹图》，凡十有二种。"照着模样画的图，比较真实。

十二种蟹图已无踪影，且依洪迈的描述："一曰蝤蛑，二曰拨棹子，三曰拥剑，四曰彭蜡，五曰竭朴，六曰沙狗，七曰望潮，八曰倚望，九曰石蜠，十曰蜂江，十一曰芦虎，十二曰彭蜞。"（案：每一蟹有文描述，略。）

洪迈学问渊博、谦逊不傲，文末曰："予家楚，宦游二浙、闽、广，所识蟹属多矣，亦不悉与前说同。而所谓黄甲、白蟹、蟳、蟘诸种，吕图不载，岂名谓或殊乎？故纪其详，以示博雅者。"

蟹人人喜欢吃，大到帝王蟹，小到六月黄。世上的蟹千奇百怪，故沈括有妙言："不但人不识，鬼亦不识也！"（《梦溪笔谈》）大概，没有人能认全所有的蟹。

予非"博雅者"，止一小作者。2015 年始读历代笔记（饮食部分），至今已过四百本，积累二百五十万原始文字并归成：大类、中类、小类、微类。蟹亦如此归类。

以海蟹为例，则：大类（蟹）→中类（海蟹）→小类（大海蟹、小海蟹）→微类（"大海蟹"之①青蟹、②梭子蟹；"小海蟹"之③招潮蟹、④蟛蜞、⑤蟛蜡、⑥沙蟹）。如此一来，洪迈"示"蟹，予似可点评一二。

错了也没人怪我！我又不是蟹类专家。

洪迈误者有二。

【一】"一曰蝤蛑""二曰拨棹子"，蝤蛑，学名①青蟹，小名拨棹子；"黄甲、白蟹、蟳、蟣诸种，吕图不载"，蟳是青蟹的别名，黄甲为其别号（南宋罗濬《宝庆四明志》"蝤蛑"条："最大者曰青蟳，小者曰黄甲。后足阔者，又曰拨棹子。"）；蟣，学名②梭子蟹（参见本书《蟣生如玉》）。

【二】"三曰拥剑""五曰竭朴""七曰望潮""八曰倚望"，四者当为一，拥剑即竭朴，学名③招潮蟹，举螯"望潮"（倚望）也。

"三曰拥剑"，拥剑其名，出自左思《吴都赋》"乌贼拥剑"，唐段成式《酉阳杂俎》："拥剑，一螯极小，以大者斗，小者食。"寥寥数字，生动活泼，大螯负责打架，小螯担当进食。

唐刘恂《岭表录异》："竭朴，乃大蟛蜞也。壳有黑斑。双螯，一大一小。常以大螯捉食，小螯分以自食。"三言两语，简明扼要，大螯捉食，小螯进食。

刘恂文中"蟛蜞"即《蟹图》"十二曰彭蜞"，学名④蟛蜞（蟛蜞）；《蟹图》"四曰彭螖"，学名⑤蟛螖，别号彭越，唐段公路《北户录》："有毛者曰蟛蜞，无毛者为蟛螖，堪食，俗呼彭越，讹耳。"

"五曰竭朴"，南宋梁克家《淳熙三山志》："揭哺子，似彭蜞，一螯甚大，一螯细。一名拥剑，亦名桀步。"竭朴、揭哺、桀步，从音，三名一物也。

招潮蟹长相萌萌哒，举动亦甚趣！《岭表录异》："招潮子，亦蟛蜞之属，壳带白色。海畔多潮，潮欲来皆出坎，举螯如望，故俗呼招潮也。"举螯如望，故"七曰望潮"。

"八曰倚望"，段公路引三国沈莹《临海异物志》云："倚望，常起顾睨西东，其状如彭蜞大，行涂上，四五进，辄举两螯八足起望。行常如此，入穴乃止。"（《北户录》）

三国大将沈莹描写小蟹"倚望"，风神姿韵，甚为有趣：举高两螯、跷起八足，和我小时候看动画片一个模样！

招潮子、望潮、倚望皆"举螯如望"，古人以为它们望潮、招潮，其实潮水带来藻类等食物，招潮的小螯快速进食，大螯则联动而"举"——"如望"。这种小蟹味道何如？清郭柏苍引"《三山志》揭捕子（揭哺子）"，曰："捣为酱，有风味。"又曰："建宁县东乡深潭中出石蟹，色紫，醢之，其卤绝美。"（《海错百一录》）

《蟹图》"六曰沙狗"，沙狗，学名⑥沙蟹，捣为酱、卤味鲜绝！（参见纪录片《舌尖上的中国·第二季》之《秘境》。）段公路引《临海异物志》云："沙狗似蟛蜞，坏沙为穴，见人则走，易遁不可得也。"（《北户录》）2厘米的沙蟹，爬速达每秒1.6米，迅捷敏锐，故得"狗"名。

沙蟹另有二个非常古怪的别名：数丸、沙丸。海边沙滩上常见有豆粒大小的沙球，据海洋专家介绍："这是沙蟹制造的"，"沙蟹会把洞穴周边的沙子过滤一遍，进食附着在沙子表面的浮游生物，过滤完的沙子就黏合在一起形成一个个近乎圆形的沙球"。

早在一千多年前，段成式《酉阳杂俎》载："数丸，形似蟛蜞，竟取土各作丸，丸数满三百而潮至。一曰沙丸。"宋张邦基《墨庄漫录》："段成式书云：杯宴之余，常居砚北。"

段老"杯宴之余"，信步海滩，数"小丸子"玩！

小贝小壳

海洋滩涂，是小贝壳海鲜的世界，海瓜子、海豆芽、黄蚬子等，非海边人不能知晓其美！潮起潮落，小贝小壳，或露尖尖，或穴小洞，吸引着赶小海的渔人。

赶小海的渔人多为妇孺。（家里的青壮年正在波涛汹涌的海浪中搏击！）闲着也是闲着，倒不如在焦急的杳无音讯中，随潮起潮落，拾小贝小壳，沉下一颗思念的心！

赶小海的收获，时常会出现惊喜，民国刘绍宽撰《平阳县志》"梅蛤"条："每发生时，随潮壅积满涂。"平阳县，隶属温州。壅积满涂，随手一拾，满桶满筐。梅蛤因梅而名："一名海瓜子，形似梅瓣，亦似瓜子，梅鱼时生，故名。"

海瓜子我从小吃，壳薄肉嫩味鲜，如今菜市场已不见踪影，饭店里倒是有，大海鲜价，一斤 200 元。民国的"壅积满涂"，沧海桑田，竟只在转眼一瞬间！

海瓜子学名特别美：彩虹樱蛤！人间吃食，曰品曰尝曰享，唯海瓜子曰磕。樱口小嘴、粉唇皓齿，磕之最宜。有次朋友燕集，席间止一靓女，对海瓜子情有独钟，小嘴一磕，皓齿微露，谈笑间，薄壳堆盏浅浅。

"薄壳"是闽广地区对海瓜子的俗称，清蔡继绅撰《〔嘉庆〕

澄海县志》载："薄壳，聚房生海泥中，百十相黏，形似凤眼，壳青色而薄，一名凤眼蜩。夏月出佳，至秋味渐瘠。"澄海，隶广东潮汕。"蜩"字见后文。

闽广的海瓜子，与江浙的海瓜子，长相不同，"形似凤眼"，状若贻贝（淡菜），学名寻氏肌蛤。

江浙的海瓜子，梅花一瓣。闽广的海瓜子，桃花一片，郭柏苍《海错百一录》："桃花片，似蛤，壳薄如纸，浅红色，鲜艳如桃花落瓣，味香甜，出莆阳咸淡水，价不贵而品美。宁波镇海亦产，呼海瓜子。"

"宁波镇海亦产"，是我从小吃的海瓜子。郭氏之海瓜子，"鲜艳如桃花落瓣"，花落花美！

郭柏苍，晚清藏书家、博物家，其所撰《海错百一录》，既叙品尝过的海鲜，亦考未知之海错［注1］："土铫，即土坯，又名土杯，似蚬而大。形扁，绿壳，白尾，吐尾如豆芽，其旁有毛，产台湾。"开言土铫之形，续曰："泉州《海族志》作'沙屑'，味佳。《榕城随笔》：'沙屑，一名小蚬，味极鲜美。但恨太小，不堪咀嚼。'台湾呼海豆芽。"

但恨太小！

明屠本畯《闽中海错疏·介部》："土铫，一名沙屑，壳薄而绿色，有尾而白色，味佳。"屠本畯寥寥数语，海豆芽跃乎纸面！所谓"介"，即着盔着甲，有贝有壳。

郭柏苍曰"台湾呼海豆芽"，确乎其真，清乾隆年范咸纂

《重修台湾府志》载："海豆芽。（似蚬而大，形扁壳绿，吐尾如豆芽，故名。）"

最有趣的是光绪《潮阳县志》："〔类书〕蚬，小蛤也，又俗曰蛦，字书无此字，肉色深黄或红白不一，生溪中。壳微长而薄者曰薄壳，又别名凤眼，潮人以盐腌食之曰凤眼酱。有壳长如豆荚者，肉如小豆，连缀其中。"潮阳，隶属广东潮汕。

仅此一条，把蚬子、薄壳、海豆芽，一网尽收！

海豆芽、海瓜子，味皆咸鲜！清浙江钱塘人施鸿保《闽杂记》："桃花片亦蛤类，出兴化所属醋江海滨，惟二三月中有之，壳甚脆薄，色红白，艳如桃花，形亦似之，蛤类中味之最鲜者。"

"蛤类中味之最鲜者"，不鲜何以斤二百！郭氏、施氏之"桃花片"，其形其色，当为彩虹樱蛤而非寻氏肌蛤。樱蛤也好，肌蛤也罢，江浙、闽广的海瓜子，相得益彰，色形虽异，味俱鲜绝！

味咸鲜的小贝小壳，不仅海瓜子，小时候姆妈隔三岔五（海瓜子毕竟贵）买蚬子喂我，谁让予从小嘴刁呢！喂食不听话的小孩，以鲜汤淘饭最佳。蚬子汤鲜咸，淘饭最灵，一喂一口，张嘴而下。

长大后知道，小时候的黄蚬仅几分钱一斤，清赵学敏《本草纲目拾遗》"蚬腊"条："蚬生沙泥中，江湖溪涧多有，其类不一，有黄蚬、黑蚬、白蚬、金口、玉口等名。黄蚬壳薄肉肥，黑蚬壳浓肉薄。又番禺韦涌地方产无耳蚬，更甘美异常。"

历代《本草》作者，皆大食家（以身试药），赵学敏排名末位。赵氏钱塘人，吃蚬吃到广东番禺，还指明地点"韦涌"，明末清初博物家屈大均《广东新语》云："有无耳蚬，产韦涌。相传宋帝昺幸韦涌时，食蚬而美之曰：'惜不令其无耳。'至今帝泊舟处，蚬皆无耳，甘美异常。"

赵昺是宋朝末代皇帝，屈大均作为明朝遗民，心思旧朝而寄墨大宋，其对蚬子的研究，更是高过历代食家："凡生于海者曰白蚬，生于江者曰黑蚬、黄蚬。而金镂蚬者，生大海中独珍！刘铢时，取以自奉，禁民不得采，亦曰金口蚬。"刘铢，五代十国南汉后主 [注2]。

生于海者显然胜于江者，"番禺海中有白蚬塘，自狮子塔至西江口，凡二百余里，皆产白蚬"，"外有黑蚬、黄蚬，贫者以为蔬，然味不如白蚬"。同时代的钮琇深有同感，《觚剩》"白蚬"条："广州海中有白蚬塘，长三百余里，皆产白蚬。秋长冬肥，贫者买以代蔬。"

予小时候家贫，但天生嘴刁！说句实在话，黄蚬较之海瓜子，肉虽嫩然木而寡味。姆妈用蚬子汤淘饭喂我，自己则一口大饭一个小蚬。

天下最怜是母心！

[注1]《海错百一录》自序："以数十年所见者，证之老渔。老

渔所见者，粗细必记，不厌其鄙。又以老渔所闻者，证之诸书。诸书同亦录之，存其名，备其说，使音与义合。其因音讹而训背者，皆从删。"

[注2] 清梁廷枏《南汉书·后主纪二》载："大海中生金镂蚬，味殊珍异。后主取以自奉，私采者禁。"另，元陈大震纂修《大德南海志》："蚬，大小有三种，沙洲亦有之，惟泮塘海、南石头海所产者为佳，名金镂口。刘𬬩时取以自奉，禁民不得采。"新林案：南海指广州。

螺错赢杂

2005 年第一次入闽，公务。当地接待，公务。吃饭，公务。入闽之行，所有公务，一概忘记，仅记住一只螺：苦螺。当地的公务人员，待客之热情，超乎我的经验：一天半招待三顿宴席。（案：八项规定前。）

更超乎我经验，席席上苦螺，顿顿频举荐。坐在我边上的闽局美女，视苦螺为闽南美食最高代表，边嗻边嗍，边用沾润汁水的小手，带着亲切的微笑，朝我频举（举荐）。伊闽局人员，予沪局人员。入乡随俗，三个手指，捏起苦螺，嗻、嗍！

嗻（shà），亲吻咂嘴；嗍（suō），舌裹吮吸。一吻一吸，苦啊！苦中尤辛，竟无语凝噎！欲吐，念身份：沪男，扭头硬生生吞下肚。伤回首，泪眼风情迷离，更与那：闽女。

辛，《说文解字》："辛痛即泣出。"许慎太厉害，一个"辛"字，遥越二千年，解出予"泣"！

予此生吃过的螺，仅三：螺蛳、田螺、苦螺。螺蛳从小吃，犹记小学忆苦思甜，老师讲起旧社会的贫下中农，螺蛳盐煮过饭，难咽之情溢于言表，苦不堪言，几欲泪目！好在我基因高大，小学一直坐末排，看不见老师的惺惺泪水。

姆妈烧的酱爆螺蛳，好吃得很啊！我从小吃螺蛳，练就绝功：一揿一唼一唧一咬一吞，秒杀螺肉。如今的电视节目主持人，经常"吃螺蛳"，恐怕与小时候未练螺蛳功有相当大的关系。

说起田螺，我欲泪目。小辰光，城隍庙"豫新点心店"靠近大殿的广场上，支着两口大锅，一锅汆龙虾片、面衣饼，一锅焖糟田螺（参见拙著《小吃大味》）。一小包龙虾片5分，一只面衣饼1角。一小碗糟田螺，竟然要2角洋钿！

一辈子只吃过一次，囫囵吞螺，味道全忘，仅记住：一碗四只。

再次见到苦螺，是十多年后的古人记录，北宋唐慎微《证类本草》引陈藏器《本草拾遗》（今佚）曰："蓼螺生永嘉海中，味辛辣如蓼，故名蓼螺。"陈藏器，唐朝药学家。永嘉，今温州。辛辣，辛中带辣。蓼，《说文》"辛菜"。

蓼螺，一名辣螺，又称辛螺，民国刘绍宽撰《平阳县志》："辛螺，俗名辣螺。形小如螺蛳，肉美带辣。"平阳，隶属温州。辣螺是浙称，蓼螺、辛螺才是正名，学名疣荔枝螺，苦螺是闽称。文字是中华文明之根，其本则为象形。甲骨文里，没"辣"的份！

中国人造字遣词讲究得很！许慎没见过"辣"字，不等于后人不解"辣"意。予私以为，辛辣之别，在泣在汗。辛酸往事，必泣；辣妹撩火，必汗。泣的是泪，汗的是津。

许慎祖师爷，后晚生拜过！

螺蛳、田螺是河螺，苦螺乃海螺，故海边人有福，可顿顿品食。予归类的二百五十万饮食文字，蓼螺仅占十条，所记多为闽地。南宋梁克家《淳熙三山志》："大如拇指、有刺而味辛如蓼者，为蓼螺。"明黄仲昭《八闽通志》："蓼螺，大如拇指，有刺，味辛如蓼。"明屠本畯《闽中海错疏》："蓼螺，大如拇指，有刺，味辛如蓼。"三条记录，几类一致。

清人郭柏苍笔墨辣螺，别有风味："咸淡水螺也，生海潭间，壳坚如石，绕壳皆稜，出福州。内港者尾黄，尤佳，出外港者尾白，连江大湾、篠湾、堤石尤多。捣之并壳肉洗净，杀其辛辣之气，掠去粗壳而留其含壳带肉者，以红糟和盐姜酒醃二十余日，发而食之。其风味在汁，须并壳入口。"（《海错百一录》"辣螺"条）连江，隶福州。

"风味在汁，须并壳入口"，怪不得闽局美女用汁手频频举荐。其实，闽人好客，由来已久："闽县下江人极重虎蝹、辣螺，恒以二品饷客。"（《海错百一录》）饷，馈也。馈，以食献贵客。

所谓"下江"，即江之下游，近入海口，故能得海错之利。错［注1］，杂也。杂，则非一种，《本草纲目》："海螺【释名】厴名甲香。〔时珍曰〕蠃与螺同，亦作蠡。蠃从虫，蠃省文，盖虫之蠃形者也。厴音掩，闭藏之貌。【集解】〔时珍曰〕螺，蚌属也。大者如斗，出日南涨海中。香螺厴可杂甲香，老钿螺光彩可饰镜背者，红螺色微红，青螺色如翡翠，蓼螺味辛如蓼，紫贝螺即紫贝也。鹦鹉螺质白而紫，头如鸟形。"厣（yǎn），螺口封盖。

李时珍所列海螺：香螺、钿螺、红螺、青螺、蓼螺、紫贝螺、鹦鹉螺。

予2017年6月校读《本草纲目》，费时一个半月。以校为主，读则为副，"蠃"字看不懂，干脆忽略。半年后校读《广东新语》，"蠃"条所记，更加费解："蠃种最多。以香蠃为上，产潮州，大者如盘盂，其壳雌雄异声，可应军中之用。"

蠃什么种？香蠃何物？香蠃还分雌雄？雄蠃雄声？雌蠃雌声？

《广东新语》"蠃"条非常长，当年手头仅有中华书局繁体竖版，校读得非常辛苦（如今可以校看无句读版）。年逾五十，基础薄（四十岁始文），眼力差，把"蠃"看作"嬴"，读成yíng，嬴政我知道，秦始皇嘛！

"蠃"条里的"银母蠃"，被我读成了yínmǔyíng，沪人搞不清前后鼻音，特别是连发。侬要是上海人，连发yínmǔyíng十遍不错，我把这篇文章吃下去！

《广东新语》为清初博物家广东人屈大均所著，屈氏似乎有意为难我这个上海人，"银母蠃"后接"九孔蠃"，再接一"蠃"，吓得我校对到不敢读出声："鹦鹉蠃"，yīngmǔyíng？

《广东新语》仅"蠃"一条，近一千字。有香蠃、珠蠃、银母蠃、九孔蠃、鹦鹉蠃、指甲蠃（一名紫蚴）、马甲柱（形如指甲蠃）、寄生蠃、蝓螯（亦曰窃螺）、神仙蠃、流蠃（一名甲香蠃）、蛤蜊（一名赤口蠃）、车螯、海胆、沙蠃（璅蛣也）。

说句老实话，好多字我到现在都不会读！

等到要归类了，才想起查蠃，居然读 luǒ。如此一来，归类很顺：香蠃归入"香螺"，鹦鹉蠃（yīng wǔ luǒ）归入"鹦鹉螺"，等等。屈大均遍尝蠃味，曰"蠃种最多，以香蠃为上"，屈氏知味，但非深知螺味者。

古人知螺味者，仅见晚清郭柏苍一人耳！

酥螺，"即海蜗牛，以盐和虾油醃之，壳薄而尾脆者为上。"

簑螺，"夏秋肉满，截其壳尾三分之一，烫拌豉葱蒜香油，微带苦味，亦逸品。"

竹螺，"产宁德，大如簑螺，壳簿脆，其节如竹，照簑螺法烫拌，亦美品。"

糍螺，"大如指，壳扁红黑色，上有斑点，肉肥软如糍。"

黄螺，"壳硬色黄，其黑而微刺者产北港，味佳。花点者名花螺，尤美。凡螺之能屈曲者皆有一筋，绾之，啖者去其筋，汤熟之，带热入盐糟，谓之抢糟。"

香螺，"产长乐者并尾食之，照黄螺法抢糟尤美，和椒料炒、作汤皆次之。或熟之，再用酒豉麻油葱爊，切食。"郭氏深知螺味，"并尾食之"四字，见微知著。清蒋师辙《台游日记》："螺有香螺、花螺、响螺、肉螺、珠螺数种。香螺长数寸，肉雪白，尾有膏，味最清甘。"

尾有膏，故"并尾食之"！

李渔曰："海错之至美，人所艳羡而不得食者，为闽之西施舌、江瑶柱二种。西施舌予既食之，独江瑶柱未获一尝，为入闽恨事。"

螺错蠃杂，苦螺予既食之，余皆未获一尝，为入闽恨事！

[注1]《尚书·禹贡》："海物惟错。"南宋蔡沈注："错，杂也。海物非一种，故曰错。"新林案：蔡沈，朱熹弟子，奉师命撰《书集传》，是书为宋朝《尚书》注释的代表作。

蛏蚴蛱螺

南宋罗大经《鹤林玉露》曾记载一则轶事，周必达、洪迈"尝侍寿皇宴"，寿皇指宋高宗，"因谈肴核"，吃着吃着谈起了吃。

高宗问洪、周"卿乡里何所产"，一曰"沙地马蹄鳖，雪天牛尾狸"，一云"金柑玉版笋，银杏水晶葱"，二卿对仗工整，"上吟赏"。

"又问一侍从，浙人也，对曰：'螺头新妇臂，龟脚老婆牙。'四者皆海鲜也。上为之一笑。"高宗的这"一笑"，当超过"吟赏"。侍从非等闲之辈！

书以文品，文以趣味。侍从妙对，吸引读者，轶事讲完，理当呈名（四海鲜名），惜无下文。2016年7月11日，予读历代笔记仅一年多，看了80本书[注1]。"螺头新妇臂，龟脚老婆牙"，螺头可猜，余概无知。

事有凑巧，刚读完《鹤林玉露》，两天后《淳熙三山志》的"水族"即出现"龟脚"，"以形名。坳中肉美，大者如掌"。

"以形名"，龟的脚？第六感促使我赶紧归类，于是有了：海鲜总类（水产海味类）──→总分类（①鱼类，②蟹虾类、龟鳖类、贝壳类）──→总分下类（②之②. 1贝壳类）──→大类

（龟脚）。若是海蟹，再可细分（参见本书《虾兵蟹将》）。

第六感也促使我赶紧校对，doc看的文字，不校以书本（始校读句逗版，终择校善本），以后用作素材写书，予何以面对读者！（2015年始读历代笔记，二年后遇见黄慧鸣师。越一年集文成书，慧鸣师取名为《古人的餐桌》，于2019年出版。）

分类跟我大学的专业——计算机程序及应用，有相当大的关系。程序，即程式进步序顺，程式要分类进步，且每一步必须走通。若不分类，予根本无法在二百五十万原始文字中寻找出"龟脚"的所有条目。

校对跟我读书作文起步晚——四十岁始文（但读对了书），有相当大的关系。予年轻时，走了太多弯路辛苦路心酸路。子曰"四十而不惑"，予四十始惑：被历代笔记迷惑！由此仰慕古人和他们的文字、情怀，"渺渺兮予怀，望美人兮天一方"！

人生几何，"寄蜉蝣于天地，渺沧海之一粟"；去日苦多，"哀吾生之须臾，羡长江之无穷"；悠悠我心，"挟飞仙以遨游，抱明月而长终"！

"沉吟至今"……

八年来无间断校读历代笔记（饮食部分），予终于可以开怀畅饮——古人这一杯浓浓的酒！"螺头新妇臂，龟脚老婆牙"，是为螺、鮀、蚋、蛴。

螺头，辣螺也（参见本书《螺错赢杂》）。新妇臂，网友曰蛏子，也对："白蛏，生于海泊泥涂中。壳薄，色白如玉，肉尤清甘。"（清蒋师辙《台游日记》）也不对：三寸蛏子，其长如指，何来臂说？

唐大家陈藏器曰："蛏，生海泥中。长二三寸，大如指，两头开。"（《本草拾遗》）陈藏器一笔绘出蛏貌。清李斗《扬州画舫录》："沿海拾蛏，鲜者鲍之，不能鲍者干之，其肥在鼻。"鲍之，盐之也。

蛏子其味，在一"肥"字，蛏身肥嫩、蛏鼻肥韧，所谓"蛏鼻"，是冒出蛏壳的两个"头"，时缩时伸，缩不见"头"，伸则"头"冒，从"头"喷水，俏皮得很！

古人肖其形，为"巾"为"脚"，清郭柏苍《海错百一录》："独脚蛏，轻味美于蛏而小头，只一巾，故呼独脚。"蛏子非有三头六臂，其长如新妇臂？侍从不会欺瞒皇上，"新妇臂"必为海中鲜。

整整四年后，2020年7月27日校对南宋罗濬《宝庆四明志》，真相大白："吹沙鱼，《埤雅》曰：'鲨，鲈。今吹沙小鱼，常开口吹沙，故曰吹沙。鲨性善沉，狭圆而长，有墨点文。'俗呼为新妇臂，味甘。今奉化鲒埼镇多有此，颇以为珍品。"鲨，同"鲨"，鲈（tuó）也。此鲨非鲨鱼（案：参见本书《鲨鱼凶猛》）。奉化鲒埼镇，隶宁波，处东海湾咸淡水交接口。

海水涌入，得以聚沙，故有此珍品——吹沙小鱼！

比《埤雅》更早的是《尔雅》，《释鱼》："鲨，鲈。"晋郭

璞注:"今吹沙小鱼,体圆而有点文。"[注2]

"有点文",新妇臂"有点文",是为守宫砂,《本草纲目》:"守宫【释名】〔恭曰〕蝘蜓又名蝎虎,以其常在屋壁,故名守宫,亦名壁宫。饲朱点妇人,谬说也。〔时珍曰〕点臂之说,《淮南万毕术》、张华《博物志》、彭乘《墨客挥犀》皆有其法,大抵不真。恐别有术,今不传矣。"[注3]

唐医药大家苏恭曰"守宫饲朱点妇人,谬说也",李时珍云"点臂之说,大抵不真"。予私以为,点朱新妇臂,或为宋时尚。有宋一代,仕女着装,薄纱罗衫,隐露肩臂,"小琼闲抱琵琶,雪香微透轻纱",一点朱红隐现,迷离醉!

龟脚,正名为蛣(jié),同"蚧",明屠本畯《闽中海错疏》:"龟脚,一名石蛣,生石上,如人指甲,连枝带肉。一名仙人掌,一名佛手蚶。春夏生苗如海藻,亦有花,生四明者肥美。"四明,宁波。

"按:石蛣生海中石上,如蛎房之附石也。形如龟脚,故名。近甲处有软爪,黑色,肉白味佳,秋生冬盛,来年正月得春雨,软爪开花如丝,散在甲外。郭璞《江赋》所称'石蛣应节而扬葩'是也。"[注4]

屠本畯文述简练,字无余多,细细品之,如读一本介绍龟脚的海洋杂志,画面感极强:写实("肉白味佳")而诗意("开花如丝")、引文自然("石蛣应节而扬葩")。

非海边人不知龟脚其味,清嘉道名臣、闽人大食家梁章钜

“就养东瓯逾年，所尝海味殆遍，实皆乡味也”（《浪迹三谈》），说他在温州休养（“就养东瓯”），遍尝海味，皆家乡味，“石蛣即龟脚，其形似笔架。粗皮裹妍肉，难免厨子诧。（上层如笔，下层皮甚粗，剥之则内肉绝白而嫩。温州厨子不谙制法，诡言海中所无，强之，始购于市也。）”括弧是其自注。

温州厨子不谙制法，岂能骗得了梁氏也。无奈“强之”，使“购于市”。温州厨子“不谙制法”，梁氏章钜谙也：火候掌握，白灼即可，“剥之则内肉绝白而嫩”。

令人馋涎欲滴啊！

老婆牙，俗名为蔟（zú），正名藤壶。南宋陈耆卿《嘉定赤城志》：“蔟，一名老婆牙。生于岩或簄竹上。”簄（hù），江海中捕鱼器。民国刘绍宽撰《平阳县志》：“藤壶，俗名蔟，大者曰虎蔟。附着海滨岩石及蟹类贝壳上。渔人去壳，加盐食之曰曲嘴。”

“渔人去壳，加盐食之”是在撬去附着在岩石上的藤壶拿回家后如此食之。拙文《蛎房开门》曾描述：“蛎房丰姿，鲜艳欲滴，欲享其美，需以火攻。……爆开房门，夹取其肉，一口满汁，味极鲜美。一爆一口，再爆再口。此种食法，豪放粗爽，最为原始，牡蛎带着海水的气息，在口腔里鲜爆到极致。狂野肆意，生食其美！”（收入《古人的餐桌·第二席》）

藤壶其味，当效蛎法，“一爆一口，再爆再口”，藤壶“带着海水的气息，在口腔里鲜爆到极致"——狂野肆意，生食其美。

我这是在画饼充饥啊！

[注1]《鹤林玉露》，2016/07/10 始读，2016/07/11 读完，用时 2 天。当年 80 本历代笔记，只读 doc 文字版，既不校对也不归类，故读得快而用时短，之后则越读越累（既校对且归类），亦越读越有趣。予 2015 年始至 2016 年 7 月 11 日看读的历代笔记，择其要目：《博物志》《古今注》《穆天子传》《西京杂记》《续齐谐记》《世说新语》《荆楚岁时记》《朝野金载》《唐语林》《封氏闻见记》《次柳氏旧闻》《归田录》《东坡志林》《北梦琐言》《鹤林玉露》《唐才子传》《东京梦华录》《都城记胜》《淳熙三山志》《陶庵梦忆》《菽园杂记》《闲情偶寄》《上海鳞爪》。

[注2]《尔雅·释鱼》："鲨，鮀。"晋郭璞注："今吹沙小鱼，体圆而有点文。"宋邢昺疏："鲨，一名鮀。《诗·小雅》云：'鱼丽于罶，鳣鲨。'陆玑云：'鱼狭而小，常张口吹沙。'故郭氏云：'今吹沙小鱼也。'"新林案：《诗·小雅》："鱼丽于罶，鳣鲨。"三国吴陆玑《毛诗草木鸟兽虫鱼疏》："鲨，吹沙也。鱼狭而小，体圆而有黑点。常张口吹沙。"

[注3]晋张华《博物志》："蜥蜴或名蝘蜓。以器养之，以朱砂，体尽赤，所食满七斤，治捣万杵，点女人支体，终年不灭。唯房室事则灭，故号守宫。《传》云：'东方朔语汉武帝，试之有验。'"宋彭□《续墨客挥犀》："守宫，其形大概类蜥蜴。秦始皇时，有人进之。……或曰：'以守宫系宫人臂，守

宫吐血污臂者，有淫心也。秦皇则杀之。'"新林案：彭□，名失考。

[注4] 郭璞，字景纯。《文选》，郭景纯《江赋》："琼蚌晞曜以莹珠，石砝应节而扬葩。"唐李善注："《南越志》曰：石砝，形如龟脚，得春雨则生花，花似草华。"

鲨鱼凶猛

南非好望角外海，一群海豹穿梭跳跃，悠然享受着夏季的美食。突然，一张布满尖齿利牙的血盆大口，冲出海面，瞬间吞没一只海豹。伴随着跃出的，是大白鲨的庞然身躯和激起的浪花飞舞。

现代摄影技术，以四十倍的慢镜头，捕捉到这不到一秒的突袭！

跃起的大白鲨，随后侧身翻转，重重砸进海里，溅起惊涛拍浪，卷起万重千雪！《Planet Earth》（《行星地球》）中最震撼人心的画面，以慢速凸显：

鲨鱼凶猛！

古人亦有见识者，明谢肇淛《五杂组》："鲨鱼重数百斤，其大专车，锯牙钩齿，其力如虎。渔者投饵即中，徐而牵之，怒则复纵，如此数次，俟至岸侧少困，共拽出水，即以利刃断其首，少迟，恐有掀腾之患，故市肆者未尝见其首。"

"未尝见其首"，万历进士谢肇淛，兴趣广博，到处寻觅鲨鱼头，功夫不负有心人，"余在真州药肆中见之，猛狞犹怖人也"，中药铺子得见真容，一"猛"一"狞"，惊心愕然！

李时珍是药肆常客，于鲨颇有研究："鲛鱼【释名】沙鱼、鲨鱼。【集解】〔时珍曰〕古曰鲛，今曰沙，是一类而有数种也，东南近海诸郡皆有之。大者尾长数尺，能伤人。皮皆有沙，如真珠斑。"鲨鱼因沙而名，古称鲛、鲨 [注1]。

"大者尾长数尺"，见尾不见首，谢肇淛很不乐意！

我也不乐意！写作《古人的餐桌》至今，颇感笔锋滞钝。不找出条大鲨鱼，对不住积累的二百五十万原始文字啊！（"鲨鱼"加"鱼翅"，二万二千条。）好在有电脑，查"丈"即可，一查吓一跳：居然查出条"长百十丈"的大鲨鱼。

这要从著名的海上丝绸之路说起。

北宋地理学家朱彧《萍洲可谈》记载，"海舶大者数百人，小者百余人，以巨商为纲首（船长）、副纲首、杂事"，"舶船深阔各数十丈……货多陶器" [注2]，北宋 1 尺 = 31.4 厘米，10 丈 = 31.4 米，"舟师识地理，夜则观星，昼则观日，阴晦观指南针"，指南针也出现了，精彩！

"深阔各数十丈"的海舶，满载硬通货的巨量瓷器（china），凭借四大发明之一的指南针，在广袤的大海上航行……

航行途中，"舟人捕鱼，用大钩如臂，缚一鸡鹜为饵，使大鱼吞之，随其行半日方困，稍近之，又半日，方可取，忽遇风，则弃"，海上捕大鱼，鸡鸭作鱼饵，"或取得大鱼不可食，剖腹求所吞小鱼可食，一腹不下数十枚，枚数十斤"，被大鱼吞食的小鱼，重达几十斤。由此推断，大鱼非鲨即鲸。

鲨鱼的肚子，不仅作吞鱼之用，亦具怀胎之功，元代孔齐《至正直记》载："予至鄞食沙鱼，腹中有小鱼四尾或五六尾者，初意其所食，但见形状与大者相肖，且有包裹，乃知其为胎生也。此软皮沙也。"鄞，隶属宁波。肖，相似。

"包裹"即胎衣，有胎衣的"软皮沙"，还未开眼，前清进士吴震方《岭南杂记》："凡鱼皆孚子卵生，唯鲨鱼胎生，鱼在胞中，多者一二十枚，少者数枚，口吐而生。破腹取胞鱼，目未开，肉嫩中羹。"胎儿鲨当然嫩！"口吐而生"，想当然尔！晚清施鸿保《闽杂记》："胎鲨，在母胎中未开眼者。闽俗以为珍馔，然不可常得。"

吴氏、施氏均为浙人，前者叙述岭南逸事，后者描写闽南风俗。两人相差二百年，居然吃到了一块去！

清地理学家郁永河亦为浙人，游历更广，兴趣益然奔赴台湾采集硫磺，顺带采风，边采边记，著成《采硫日记》（又称《裨海纪游》），文载："鲨鱼一尾，重可四五斤，犹活甚，余以付庖人，用佐午炊。庖人将剖鱼，一小鲨从腹中跃出，剖之，乃更得六头，以投水中，皆游去，始信鲨鱼胎生。"鲨鱼胎生，眼见为实，"从腹中跃出"，郁氏观察仔细、描写生动。

古代地理学家文采斐然！

继续朱彧精彩的海上丝绸之路，"有锯鲨长百十丈，鼻骨如锯，遇舶船，横截断之如拉朽尔"[注3]，如以"十"计，则10丈＝31.4米。31米［等同于半个尼米兹级核动力航空母舰的宽度（约 76 米）〕的锯鲨跃出水面，把船上的人全体吓死！

文采斐然的朱彧，显然不在船上。这头"长百十丈"的锯鲨，《大白鲨》导演斯皮尔伯格可以拍续集，编剧则请朱彧担任。

朱彧生卒不详，南宋陈振孙撰私家藏书目录《直斋书录解题·卷十一·小说家类》："《萍洲可谈》三卷，吴兴朱彧撰，中书舍人服行中之子。宣和元年序，'萍洲老圃'，其自号也，在黄州，盖其乔寓之地。"宣和元年作序，即 1119 年成书。（案：今各本佚序。）

锯鲨最早的描述，出自苏颂《本草图经》（成书于 1061 年），《证类本草》"鲛鱼皮"条："【图经】曰：《山海经》云'鲛，沙鱼，其皮可以饰剑'是也，今南人但谓之沙鱼。然有二种：其最大而长喙如锯者，谓之胡沙，性善而肉美；小而皮粗者曰白沙，肉强而有小毒。二种彼人皆盐为脩脯，其皮刮治去沙，靧为胶，皆食品之美者，食之益人。"《图经》指《本草图经》。

有图有真相，苏颂《本草图经》画的沙鱼图（《证类本草》"鲛鱼皮"条附图二之"沙鱼"），赫然"长喙如锯"！

一百年后，南宋宰相梁克家《淳熙三山志》（成书于 1182 年），进一步描述："胡鲨，青色，背上有沙。长可四五尺，鼻如锯。皮可剪为脍缕，曝其肉为脩，可作方物。"胡沙已成胡鲨。

又过了三百年，明黄仲昭纂《八闽通志》（成书于1489年），再进一步描述："胡鲨，青色，背上有沙。大者长丈余，小者长三五尺，鼻如锯。皮可剪为脍缕，曝其肉为脩，可充方物，俗呼锯鲨。"（《食货·土产·福州府》）

黄仲昭定义了胡鲨的正名：锯鲨！亦确定了锯鲨的长度：大者1丈＝3.2米（明1尺＝32厘米）。《八闽通志》的"3.2米"之于《萍洲可谈》的"31.4米"，相差一个数量等级！

"皮可剪为脍缕"，脍，细切肉也。鲨鱼皮入馔，至少上千年。苏颂"其皮刮治去沙，蒯为脍"；北宋庄绰《鸡肋编》记载宰相范纯仁请客游师雄吃沙鱼皮羹（"煮熟蒯以为羹，一缕可作一瓯"）；清乾隆朝"鲚鱼皮鸡汁羹"则入列满汉席（《扬州画舫录》）。

"曝其肉为脩"，脩，条脯（干肉）也。锯鲨条脯，可充方物。

又过了一百年，明屠本畯《闽中海错疏》（成书于1596年）载："胡鲨，青色，背上有沙，大者长丈余，小者长三五尺，鼻如锯，皮可缕为脍，蒸以为脩，可充物，亦名锯鲨。"蒸，干也。

屠本畯记录的胡鲨，与百年前黄仲昭所记，相差无几。然，屠氏的"胡鲨"却"亦名锯鲨"！显然还有一条，其文曰："锯鲨，上唇长三四尺，两傍有齿如锯。"屠本畯记录了两种锯鲨，前一条以鼻为锯（"鼻锯"）、身长丈余；后一条以唇为锯（"唇锯"）、唇长三尺。

明朝地理学家王士性《广志绎》（成书于 1597 年）载："广南所产多珍奇之物……锯鱼长二丈，则口长当十之三左右，齿如铁锯，生于潮、惠为多。"身长二丈、"口锯"十之三。

"鼻锯""唇锯""口锯"，皆长锯也。锯鲨的学名：长吻锯鲨。许慎《说文》："吻，口边也。"祖师爷高明！予一直以为，吻与舌相关。

屠氏两种锯鲨的【唇长比】3 尺/1 丈＝3/10，刚好等于王氏锯鱼的【口长比】"十之三"。屠本畯的两条锯鲨显然为一种。

长吻锯鲨特征在吻：吻长如锯！

屠本畯列举的鲨，凡十一种：锯鲨（胡鲨）、虎鲨、狗鲨、鲛鲨、乌鬐、出入鲨、时鲨、黄鲨、帽鲨、剑鲨、乌头。

每条鲨鱼，或淡描，或浓笔，均凸显神韵：

一、"锯鲨"（即胡鲨，文略）。

二、"虎鲨，头目凹而身有虎文。"

三、"狗鲨，头如狗。"

四、"鲛鲨，似蛟而鼻长，皮可饰剑靶，俗呼锦魟。"

五、"乌鬐，颊尾皆黑。"

六、"出入鲨，初生随母浮游，遇警从母口中入腹，须臾复出。"

七、"时鲨，有肉无腹，大者刳其肉，烹之多油，可唉亦可燃。"

八、"黄鲨，好食百鱼，大者五六百斤。"

九、"帽鲨，腮两边有皮如戴帽然，又名双髻鲨，头如木枡，又名双髻魟。"双髻鲨特征在头：头如木枡（并参见[注1]），形如丫髻。

十、"剑鲨，尾长似剑，薧鲞味佳。"剑鲨"尾长似剑"，大明永乐剑（英国皇家军械局藏），长 90.3 厘米，约 2.8 尺，颇合"尾长数尺"。

清首任巡台御史黄叔璥《台海使槎录》载"鲨类不一"，凡十六种：龙文鲨、双髻鲨、乌翅鲨、锯仔鲨、乌鲨、虎鲨、圆头鲨、鼠蜡鲨、蛤鲞鲨、油鲨、泥鳅鲨、青鲨、扁鲨、乞食鲨、狗缠鲨、狗鲨。

非常奇怪，御史又列出八种"鲂"：锦鲂、黄鲂、泥鲂、扫帚鲂、乌燕鲂、四开鲂、鬼角燕鲂、水沉鲂。《本草纲目》："鲂鱼【释名】鳊鱼。"鳊鱼是淡水鱼，其类一种。

"锦鲂，身圆，有花点，大者三四百斤，皮生沙石，尾长数尺，骨弱肉粗"，仅凭"三四百斤，皮生沙石"两个特点，黄叔璥所列"鲂"即鲨。"尾长数尺"的锦鲂即剑鲨，学名"长尾鲨"。

长尾鲨，其尾如剑，为体长之半，"倚剑出鞘，谁与争锋"！长尾鲨之尾，可劈可斩，可挥可舞（把小鱼群打晕），可削可戳。头长什么样子，面目是否狰狞，御史没有描写，予不得而知。

长尾鲨特征在尾：尾长似剑！

还漏掉一条！屠本畯的十一条鲨，始为寻找"尾长数尺"的长尾鲨，终为寻找这条鲨："乌头。颊尾黑，背大。有百余斤者，浅在海沙不能去，人割其肉，潮至复去。其皮用汤泡净沙，缕作脍；鬐鬣泡去外皮存丝，亦用作脍，色晶莹若银丝。"汤，热水也。

此条记录至关重要！屠本畯记述了<u>鲨鱼两吃</u>：其一，"皮用汤泡净沙，缕作脍"，鱼皮去沙，细缕为脍；其二，鬐（qí），古通"鳍"；鬣（liè），古同"鬛"，小鬐也。鬐鬣（鳍）去皮，亦细缕为脍。

"色晶莹若银丝"，屠老美食家无疑。成书于1596年的《闽中海错疏》，仅此一条与鱼翅相关，但名中无"翅"。予归类近三十条鱼翅记录，最早一条出自《本草纲目》（成书刊刻于1596年）："鲛鱼【集解】〔时珍曰〕形并似鱼，青目赤颊，背上有鬣，腹下有翅，味并肥美，南人珍之。"

南人珍之，时珍不珍——没有吃过！屠本畯之"鬐鬣"<u>丝</u>，"色晶莹若<u>银丝</u>"，鱼翅宛若<u>丝</u>缕飘然入席……"鬐鬣"<u>丝</u>，并非鱼翅。

但，屠本畯与"鱼翅"脱不了干系！

屠本畯是《金瓶梅》刊刻问世前，少数亲见抄本的读者。兰陵笑笑生于地下莫名其妙："干我甚事！"

屠本畯《山林经济籍》"卷八"引袁宏道《觞政》（成书于

1606年）："凡《六经》《语》《孟》，所言饮式皆酒经也……诗余则柳舍人、辛稼轩等，乐府则董解元、王实甫、马东篱、高则诚等，传奇则《水浒传》《金瓶梅》等为逸典。不熟此典者，保面瓮肠，非饮徒也。"［注4］保面，不动容；瓮肠，酒灌肠。只知灌酒而不动容者，非饮徒也。

饮徒嘛，要能诗能歌能赋，面赤眉扬手舞，既知一百单八将，又懂潘驴邓小闲！显然，袁宏道见识"逸典"更早，与董其昌书［注5］，曰："《金瓶梅》从何得来？伏枕略观，云霞满纸，胜于枚生《七发》多矣。后段在何处？抄竟当于何处倒换？幸一的示。"时万历二十四年（1596）。

屠本畯引《觞政》后又自说自话："屠本畯曰：不审古今名饮者，曾见石公所称逸典否？按《金瓶梅》流传海内甚少，书帙与《水浒传》相埒。……往年予过金坛，王太史宇泰出此，云以重赀购抄本二帙。予读之，语句宛似罗贯中笔。复从王征君百谷家又见抄本二帙，恨不得睹其全！"帙（zhì），一帙十卷。埒（liè），等同。《水浒传》一百回（卷），《金瓶梅》同。

一个"恨不得睹其全！"一个"后段在何处？"一叹一问，予也替两位爷干着急！从袁宏道与董其昌书知，至少在1596年前，《金瓶梅》抄本已流行于世，且睹其全帙者极少。

这其中包括"到处寻觅鲨鱼头"的谢肇淛。一个名声籍甚的高官大家，居然为《金瓶梅》写跋！（《小草斋文集》）

当然，中心思想是批评："猥琐淫媟！"文辞却不乏赞言：

"妍媸老少，人鬼万殊，不徒肖其貌，且并其神传之。"谢肇淛有强烈的好奇性，觅个鲨鱼头寻到中药铺子，此等奇书岂能不看而批评之："余于袁中郎得其十三，于丘诸诚得其十五。"

看了没有？当然看了，不看如何写中心思想！

然，不得其全。

屠本畯不睹其全，予睹也；谢肇淛不得其全，予得也！《金瓶梅词话》第五十五回："不一时，只见剔犀官桌上列着几十样大菜、几十样小菜，都是珍羞美味，燕窝鱼翅，绝好下饭，只没有龙肝凤髓，其余奇巧富丽，便是蔡太师自家受用，也不过如此。"[注6]

"珍羞美味，燕窝鱼翅"，鱼翅作为珍羞美味，最早端上古人的餐桌，恰恰是这本天下第一奇书！

然，《金瓶梅》又是"一部哀书"！（清张潮《幽梦影》）作为一个明朝人，兰陵笑笑生不会预见四百年后鲨鱼的命运：血淋淋的鱼翅，切割后曝晒在世界各地的海岛上（身体被丢进海里），等待着被运往亚洲各地。

《Sharkwater》（《鲨鱼海洋》，注7）用镜头纪录：拉美某岛国海域，两个渔民用力拽拉上钩的鲨鱼，大鱼痛苦挣扎着被拖上甲板，边上一个赤身黝黑的小子，迅极而上，手起刀落……当渔民展示被割掉鱼翅还活动着哀眼的鲨鱼，面对镜头微笑着把鲨鱼推入海中，予心猛地一颤：

人类凶猛！

［注1］鲛，《山海经·中山经·中次八经》："东北百里，曰荆山……漳水出焉，而东南流注于雎，其中多黄金，多鲛鱼。"晋郭璞注："鲛，皮有珠文而坚，尾长三四尺，末有毒，螫人，皮可饰刀剑。"清郝懿行注："鲛鱼即今沙鱼。"新林案：郭璞之"尾长三四尺"，或为长尾鲨。鲰（cuò），《文选·吴都赋》："王鲔鯸鮐，鲫龟鳍鲰。"晋刘渊林注："鳍鲰有横骨在鼻前如斤斧形，东人谓斧斤之斤为鳍，故谓之鳍鲰。"鳍鲰，即双髻鲨。

［注2］新林案：清钱熙祚辑刻《守山阁丛书》、文渊阁《四库全书》本皆作"深阔各数十丈""货多陶器"，陶疑为瓷。费正清《中国：传统与变革》："在宋代中国人逐渐开始成为海外贸易中的主角。"《中国国家地理》2010年第10期《海底沉船》载："1987年，人们在广东阳江海域发现了一艘沉没的南宋商船，命名为：南海一号。""它是一艘载满货物的商船，古籍货物总数达8万件。（瓷器是最大宗船货。）"《羊城晚报》2007年2月8日报道："'南海一号'长度达30米，宽度10米左右，高度3米多一点。"并参见本书《伟哉海鳅》注1。

［注3］新林案：清《守山阁丛书》《墨海金壶》及文渊阁《四库全书》本皆作"有锯鲨长百十丈"。

［注4］新林案：屠本畯《山林经济籍》（《北京图书馆古籍珍本丛刊》），自序"万历戊申修禊日屠本畯书于人伦堂"，万历戊申，即万历三十六年（1608）。上海古籍出版社《袁宏道集笺校·卷四十八·觞政》"十之掌故"为屠氏所引。袁宏道，字中郎，号石公。《觞政》书于"万历三十四年丙午（1606）"。觞，酒器。觞政，意饮酒要领。另，沈德符《万历野获编》卷

二十五"金瓶梅"条:"袁中郎《觞政》以《金瓶梅》配《水浒传》为外典,予恨未得见。丙午遇中郎京邸,问曾有全帙否?"丙午,即 1606 年。

[注5] 新林案:上海古籍出版社 1981 年版《袁宏道集笺校·卷六·锦帆集之四——尺牍》"董思白"条:"【笺】万历二十四年丙申(1596)在吴县作。"尺牍,书信。董其昌,号思白。

[注6] 新林案:《金瓶梅词话》现存最早版本为台北故宫博物院馆藏万历丁巳(1617)刊本(学界简称介休本),作"燕窝鱼刺"。日本大安株式会社影印明万历本(简称大安本)《金瓶梅词话》,作"燕窝鱼刺"。梦梅馆校本(梅节校注)《金瓶梅词话》,作"燕窝鱼翅"。

[注7] 纪录片《Sharkwater》(《鲨鱼海洋》):"食用鱼翅已有数百年历史,但仅仅是在过去 20 年才如此风靡。它已经成为一种地位的象征!""在哥斯达黎加切割鱼翅是非法的,但大量鱼翅还是运往全亚洲",摄制组拍到了"大面积曝晒的鱼翅,至少有一万个鳍晒在屋顶上"。纪录片最后旁白:"二氧化碳是全球气候变暖的原因,而浮游生物转换二氧化碳成为氧气,提供我们呼吸所需要的 70% 氧气。没有鲨鱼捕食猎物,更低级的'浮游生物吞噬者'就会失去控制,消耗掉人类赖以生存的浮游生物。海洋是重要的生态系统,调节气候和提供食物,土地上的生命依赖海洋中的生命。""人类失去鲨鱼,将会失去呼吸所需的氧气!"

斋必变食

子曰"斋必变食"[注1]，意思是"斋戒时改变日常的饮食"。这个"斋戒"与佛教的"斋戒"有着本质的区别！

钱穆先生注释："斋，古人临祭之前必有斋；变食，不饮酒，不茹荤。"我这样解释您一定能明白：祭前必斋，祭后不斋！儒"斋"是祭祀前茹素，佛"斋"是斋期茹素（或常年"持斋茹素"）。

"子曰"于春秋，"佛说"自汉朝。孔子在时，哪来佛教？

对于斋期茹素，纪晓岚且论且控诉："今徒曰某日某日观音斋期，某日某日准提斋期，是日持斋，佛大欢喜。非是日也，烹宰溢乎庖，肥甘罗乎俎，屠割惨酷，佛不问也。天下有是事理乎？"（《阅微草堂笔记》）纪晓岚义正词严，斋期持斋茹素，"佛大欢喜"，不是斋期，大鱼大肉，"佛不问也"，天下有这样的道理吗？啊！

纪晓岚不依不饶，"且天子无故不杀牛，大夫无故不杀羊，士无故不杀犬豕，礼也。儒者遵圣贤之教，固万万无断肉理"[注2]，断肉是要断晓岚的命啊！（参见拙文《古人食量》，收入《古人的餐桌》）"然自宾祭以外，特杀亦万万不宜"，万万无断肉理，亦万万无滥杀故。宾祭，宴贵宾、祭大典。

纪晓岚说得很有些道理。最后，《四库全书》总纂官抛出狠话："东坡先生向持此论，窃以为酌中之道。愿与修善果者一质之。"每日念经的"修善果者"，哪有空搭理纪晓岚！

东坡持此论？真的噢："《东坡年谱》载：程、苏当致斋，厨禀造食荤素，苏令办荤，程令办素，苏谓致斋在心，岂拘荤素，为刘者左袒。时馆中附苏者令办荤，附程者令办素。"（南宋戴埴《鼠璞》）程，指程颐。禀（bǐng），请示。苏轼说"致斋在心"，没必要非荤即素，"为刘者左袒"[注3]。

致斋，行斋也。两宋间大家叶梦得《石林燕语》，"唐周元阳《祀录》以元日、寒食、秋分、冬夏至，为四时祭之节。前祭皆一日致斋"，四时祭节，"前祭皆一日致斋"，祭祀前一日行斋。

清台湾道高拱干纂《台湾府志》"斋戒"条："丁前三日，致斋：不饮酒，不茹葱、蒜、韭、薤，不问病，不吊丧，不听音乐，不理刑名，不与妻妾同处。丁前一日，沐浴更衣；宿祭所，惟理祀事。"丁，丁祭。隋文帝始设"每岁以四仲月上丁"祭祀孔子（《隋书·礼仪四》）。"前三日，致斋"，行斋三日，相当虔诚。

所谓"致斋"，七不规范——"不饮酒，不茹葱、蒜、韭、薤，不问病，不吊丧，不听音乐，不理刑名，不与妻妾同处"。

斋，杨伯峻先生注释："古代于祭祀之前，一定先要做一番身心的整洁工作，这一工作便叫做'斋'或者'斋戒'。"（《论语·述而》："子之所慎：齐（斋）、战、疾。"）

这一工作便叫做"斋"或者"斋戒"，或曰"致斋"。

那么斋日（或曰祭日）呢？清顾彩《容美纪游》："文庙在芙蓉山西麓，以铁铸夫子行教像，不加衮冕。规其前为杏坛，率弟子习礼于此。其丁祭，羊、豕、鹿、獐、鹅、鸳、鸡、兔、梅、李、榛、枣，凡有之物皆荐。无笾豆祭器。"

似乎还少了二馔：酒和姜，子曰"唯酒无量""不撤姜食"。

予祭祀先父先母，酒肉是一定要上的。先父上白酒，先母上啤酒；先父上红烧肉，先母上白斩鸡，都是先父先母生前喜欢的馔饮。

古人祭祀名目繁多，拿国祭来说，《国语·鲁语》："凡禘、郊、祖、宗、报，此五者：国之典祀也。"禘：禘祭太庙，天子对祖先的大祭；郊：郊祭天地。南宋赵与时《宾退录》："若禘祭宗庙、郊祭天地，全其牲体而升于俎，则谓之全烝。"牲，牺牲；"全其牲体"即牲体全而完整。（五官俱全、腿脚不缺！）

清嘉道名臣梁章钜《浪迹三谈》"太牢少牢"条："古祭用牲，必牛、羊、豕皆具，曰太牢，而以牛为主。少牢无牛，有羊、豕，而以羊为主。一牲即不得牢名。《曾子天圆篇》云：'诸侯之祭，牲牛，曰太牢；大夫之祭，牲羊，曰少牢。'此以牛为太牢、羊为少牢所自出也。"

古人祭天、祭地、祭祖，需配合不同的祭牲：太牢、少牢、"不牢"，非常复杂，予至今没完全弄明白！但有一点我懂，国祭的时候，要上大牢噢！牛、羊、豕，不管"牢"不"牢"，都是整牛、整羊、整猪。

祭祀以后，何如？《论语·乡党篇》："祭于公，不宿肉。祭肉不出三日。出三日，不食之矣。""祭于公"，参加国君举行的祭祀；"不宿肉"，得到的肉当天分发；"祭肉不出三日"，祭肉不超过三天；"出三日，不食之矣"，超过三天，就不吃了。

"出三日"，臭矣！还吃个屁。孔子是真圣人，真圣人说真话。

苏轼非圣人，但通透儒家思想，故曰"致斋在心，岂拘荤素"！

陆游《老学庵笔记》载："南丰曾氏享先，用节羹、醷鹅、刵粥。建安陈氏享先，用肝串子、猪白割、血羹、肉汁。皆世世守之，富贵不加，贫贱不废也。"享先，祭祀祖先。看见没有，醷鹅、肝串子、猪白割、血羹、肉汁，皆荤食也！

特别是"血羹"，茹素者见血如见荤，南宋周去非《岭外代答》"斋素"条："钦人亲死，不食鱼肉而食蟛蟹、车螯、蚝、螺之属，谓之斋素，以其无血也。"蟛蟹、车螯、蚝、螺，皆海鲜也。

不见血，阿弥陀佛！"诸鱼有血，石首独无血。僧人谓之菩萨鱼，至有斋食而啖者。盖亦三净肉之意，不能忍口腹而姑为此说以自解，非正法也。"（明冯时可《雨航杂录》）石首，特指大黄鱼（参见拙文《大小黄鱼》，收入《古人的餐桌·第二席》），明朝的野生大黄鱼，味道极佳。

和尚为了吃荤，也得为自己找个理由啊！

阿弥陀佛！北宋孙光宪《北梦琐言》载"唐崔侍中安潜，崇奉释氏，鲜茹荤血"，崇尚佛教，"镇西川三年，唯多蔬食。宴诸司，以面及蒟蒻之类染作颜色，用象豚肩、羊臑、脍炙之属，皆逼真也。时人比于梁武。"

茹素就老老实实地茹，上海有家素菜馆，招牌菜全是仿荤菜：清炒蟹粉、响油鳝丝、松仁鳜鱼、油淋仔鸡、沙律牛排、菜心扒乌参等，菜一上桌，"噢吆介像啊！"菜一进嘴，不是豆腐味，就是豆腐干味。

梁武，指梁武帝萧衍，南宋罗大经《鹤林玉露》："王荆公新法烦苛，毒流寰宇。晚岁归钟山，作《放鱼》诗云：'物我皆畏苦，舍之宁啖茹。'其与梁武帝穷兵嗜杀而以面代牺牲者何殊？"王荆公，指王安石。

武帝谥"武"，必动刀枪。"以面代牺牲"，《南史·梁本纪》天监十六年（517）三月："郊庙牲牷，皆代以面，其山川诸祀则否。时以宗庙去牲，则为不复血食，虽公卿异议，朝野喧嚣，竟不从。"牷，纯色的牛。

"郊庙牲牷，皆代以面"，即罗大经所谓"以面代牺牲"，白话译为"代之以面做的牺牲"，即面团捏成的整牛、整羊、整猪。"郊庙"，郊、禘之祭。

现代素菜馆，应当贡上祖宗梁武帝的神像，贡桌上摆放面团捏成的小牛、小羊、小猪，包管生意兴隆、日进斗金！

梁武帝开了"素菜馆"的先例。人主吃素，连累嫔妃，《梁书·列传·丁贵嫔》："及高祖弘佛教，贵嫔奉而行之，屏绝滋腴，长进蔬膳。"丁贵嫔，昭明太子（《文选》总纂）之母。

近朱者赤，近墨者黑，清大家俞樾《右台仙馆笔记》载："临平有某氏嫠妇，独居悲花庵中，长斋奉佛有年矣。畜一猫，亦不食荤血，每食饲以白饭一盂，上置豆腐一方，呼而戒之曰：'猫，尔其省穑而食之！'猫嗷然若有知者，先食白饭，饭尽，乃食豆腐，日日如是。"

嫠（lí），寡妇。养了只听话且茹素的家猫，早上白饭豆腐，中午白饭豆腐，晚上白饭豆腐，一只猫每天吃白饭豆腐并不难，难的是一辈子吃白饭豆腐！俞樾的外姊的嫁给姓周的女儿（案：关系复杂）确实亲眼见之，其（俞樾）"长女闻而笑曰：'此妇所修未知何如，此猫必成正果矣。'"

此猫若成正果，必寻纪晓岚质之！

持斋为修正果，茹素未必。内子有阵子想减肥，茹素三日，第四天晚上，予正炒着第三个素菜（没荤腥，不扛饿），内子人未进门，炸鸡翅已然气香盈室！

一大桶鸡翅，瞬间馨尽。

予平常只有内急才会进"炸鸡店"。你说这持长斋的，要有多大的意志力啊！

明沈德符《万历野获编》"御膳"条载"人主御膳用素，惟孝宗朝为甚，每月必有十余日斋"，明孝宗每月十余日致斋，定力不小，"至世宗久居西内，事玄设醮，不茹荤之日居多，光禄大烹之门既远，且所具不精，故以烹饪悉委之大珰辈"，醮，设坛祈祷；光禄寺，执掌皇家膳食。世宗居西苑，光禄处别苑（太远），且烹调欠佳，故全权委托大宦官，"闻茹蔬之中，皆以荤血清汁和剂以进，上始甘之，所费不赀，行之凡三十年"。

茹的是素，吃的是荤！

明世宗朱厚熜喜欢荤汁的基因，传给了他的后代，刘若愚《酌中志》载："先帝最喜用炙蛤蜊、炒鲜虾、田鸡腿及笋鸡脯，又海参、鳆鱼、鲨鱼筋、肥鸡、猪蹄筋共烩一处，恒喜用焉。"先帝指明熹宗天启帝朱由校。

事有凑巧，天启年内阁首辅朱国祯《涌幢小品》载："一大贵人奉六斋，嫌味薄，怒捶厨人。乃以腥汁合作清澹色素品和之，贵人甘甚，诧曰：'奉斋何不佳，而人乃嗜荤？'"

手法如出一辙！

"奉斋何不佳，而人乃嗜荤？"废话！蛤蜊、鲜虾、田鸡腿、笋、鸡脯、海参、鳆鱼、鲨鱼筋、肥鸡、猪蹄筋熬出的汁烧出的素菜，怎么可能不好吃！

朱国祯是贵人家常客。"贵人之侄，余主其家"，贵人不在，其侄主家（古代叔侄同堂），"一日饭素，亦怒甚吓，厨人凡易十余品皆不称"，某日饭菜甚无味，太素，贵侄脸上挂不住，

"怒甚吓"（修养略佳，未"捶厨人"），厨子换了十余个菜都不如意。

朱国祯笑曰："何不开斋？"

[注1] 新林案：论语原文"齐必变食"。齐，繁体为"齊"。齊，同"齋（斋）"。清孙诒让《周礼正义·膳夫》："王齊，日三举。（郑司农云：'齊必变食。'【疏】'王齊日三举'者，《说文·示部》云：'齋，戒絜也。'齊即齋之叚字。）"絜，洁净也。叚，假借也。

[注2] "天子无故不杀牛，大夫无故不杀羊，士无故不杀犬豕"，《礼记·王制》："诸侯无故不杀牛，大夫无故不杀羊，士无故不杀犬豕。"新林案：天子号令诸侯，纪晓岚误。

[注3]《史记·吕太后本纪》："太尉（周勃）将之入军门，行令军中曰：'为吕氏右袒，为刘氏左袒。'军中皆左袒为刘氏。"新林案：袒，同"袒"。左袒，左胸袒裸，喻偏护一方。

二百五者

予 2015 年始读历代笔记（饮食部分，包括历代《本草》及涉及饮食的经史、历代《州县志》），至今已过四百本，累积二百五十万原始文字，并全部归类（参见本书《虾兵蟹将》《蜻蝴蛛螺》）。

四百本古籍，过目一遍数千万字（案：《容斋随笔》一书，四十万），择出其中饮食文字，校之以书籍。二百五十万文字的校对，是一件相当辛苦的事，然亦趣且益。予自 2015 边读边校边写，至今已呈《古人的餐桌》系列"盛筵"三席。

三本书的出版，于我意义重大——此生没有白活！

世上大凡有趣之事，皆为艰苦努力之成就。比尔·盖茨夜以继日编写代码，发明 DOS、Windows 操作系统，使电脑成为有趣，其艰辛非常人能够理解！碰巧我 1985 年大学读的专业是计算机程序及应用。

二百五十万文字归类后，发觉一个有趣的现象：古人间"借文"者不少。"借文"是雅称，古曰袭取，今云抄袭。《岭外代答》的抄与被抄，可作典范！杨武泉先生《岭外代答校注》"前言"的几段内容 [注1]，可资作本文导论。

（1）"《汉书》即曾袭取《史记》"。

我是翻书过一遍二十四史的，历时三年半。《汉书》首篇《高帝纪》，翻看第一页，即知袭取《史记·高祖本纪》。班固开了个非常不好的先例！

（2）"非出于攘善而故隐，极有可能所见为不善之抄本，书名及作者均未能定"，究其原因，"书无刻本，不仅易讹误，且传之难以久远"，《岭外代答》"元末时传本稀少"。若此，得片纸者只能"借文"。

自汉班固始作俑，魏晋南北朝隋唐五代宋元明清，皆有袭文者，试举几朝典范：

（2.1）魏晋。晋裴启《裴子语林》："何晏字平叔，以主婿拜驸马都尉。美姿仪，面绝白，魏文帝疑其着粉。后正夏月，唤来，与热汤饼，既啖，大汗出，随以朱衣自拭，色转皎洁。帝始信之。"南朝宋刘义庆《世说新语》："何平叔美姿仪，面至白。魏明帝疑其傅粉，正夏月，与热汤饼。既啖，大汗出，以朱衣自拭，色转皎然。"

又，《裴子语林》："右军年十三，尝谒周顗。时绝重牛心炙，坐客未啖，顗先割啖羲之，于是始知名。"《世说新语》："王右军少时，在周侯末坐，割牛心啖之。于此改观。"周顗（yǐ），"弱冠，袭父爵武城侯"（《晋书》），故又称"周侯"。

仅此二例，《世说新语》袭文，不言而喻！

（2.2）唐朝。刘恂《岭表录异》，《四库提要》"称恂于唐昭宗朝出为广州司马"，昭宗朝（888—904）。段公路《北户录》，

《四库提要》"知为懿宗时人",懿宗朝（859—873）。[注2]

本书《大牢者牛》曰"历代食家，刘洵与段公路齐名，且相依相随。两人所记美食，类似则一人袭文"！

《北户录》"象鼻炙"条："广之属城循州、雷州皆产黑象，牙小而红，堪为笋裁，亦不下舶上来者。土人捕之，争食其鼻，云肥脆，偏堪为炙。"《岭表录异》："广之属郡潮、循州多野象，牙小而红，最堪作笋。潮、循人或捕得象，争食其鼻，云肥脆，尤堪作炙。"

又：《北户录》"鹅毛脡"条："恩州出鹅毛脡，乃盐藏鳞鱼。其味绝美，其细如虾。"《岭表录异》："鹅毛鋋，出海畔恩州，乃盐藏鳞鱼儿也，甚美。其细如毛而白，故谓之鹅毛鋋。"

段先刘后，毫无疑问，刘洵袭文（案：偏偏刘洵自己的文字，堪称不朽！参见拙著《古人的餐桌》"系列"相关文章）。唐文皆为抄本，刘洵得《北户录》片纸，只能"借文"！

（2.3）宋朝。《淳熙三山志》，梁克家自序"乃约诸里居与仕于此者相与纂集"，尽显丞相风范，"相与纂集"。《四库提要》非要拉偏架："宋梁克家撰。克家字叔子，泉州晋江人。绍兴三十年廷试第一……乾道中，累官右丞相。"《淳熙三山志》约四十万字，丞相哪有这空！

唐陈藏器《本草拾遗》"蛏"条："生海泥中。长二三寸，大如指，两头开。"《淳熙三山志》"蛏"条："生海泥中，长可

曲终人不散　　181

二三寸，大如指而头开。"文字几乎一模一样。这可怪不得梁丞相，四十万字的福州志，一"文"不"借"，没法纂也！

苏颂《本草图经》"芥"条："今处处有之。似菘而有毛，味极辛辣，此所谓青芥也。芥之种亦多，有紫芥，茎叶纯紫，多作菹者，食之最美。有白芥，子粗大色白如粱米，此入药者最佳。其余南芥、旋芥、花芥、石芥之类，皆菜茹之美者。"《淳熙三山志》"芥"条："似菘而有毛，味辛辣，此青芥也。紫芥，茎叶通紫，多作菹，食之最美。白芥，子粗大色白如粱米。其余南芥、花芥、石芥之类，皆菜茹之美者。"

南宋宰相抄到北宋宰相头上，情何以堪！

（2.4）明朝。屠本畯因《闽中海错疏》被公认为中国最早的海洋动物学家，拙著《古人的餐桌》"系列"的"水产海鲜类"文章，引用次数甚多。

屠本畯着笔，时而雷霆万钧："海鳅喷沫，飞洒成雨，其来也移若山岳，乍出乍没。舟人相值，必鸣金鼓以怖之，布米以厌之，鳅攸然而逝！"时而柔声细语："石首，鳠也，头大尾小。鳞黄，璀璨可爱，一名金鳞。朱口厚肉，极清爽不作腥，闽中呼为黄瓜鱼。"

笔墨收放自如、行草兼具的大家，居然袭文?!

这就牵扯一本书：黄仲昭纂《八闽通志》。黄仲昭和《八闽通志》，《明史》有传有志 [注3]。《八闽通志》成书于1489年，是为福州全省志。明屠本畯《闽中海错疏》成书于1596年，是为海洋动物志。

《八闽通志》成书［弘治二年（1489）］至今，仅有弘治四年（1491）刊刻本及递修本（书版屡经修补后刷印的书本），故存世罕见［注4］。

罕见之书，落纸片页，碰巧落到屠本畯头上，又偏巧屠氏入闽，奉同里前辈余寅（字君房）命，"疏鳞介二百有奇以复"，而成《闽中海错疏》［注5］。屠氏言简意赅，"鳞介二百有奇（有余）"，似乎信手拈来！

《闽中海错疏》，《四库提要》："明屠本畯撰。本畯字田叔，鄞县人。以门荫入仕，官至福建盐运司同知。是书详志闽海水族，凡《鳞部》二卷，共一百六十七种，《介部》一卷，共九十种，又附非闽产而闽所常有者海粉、燕窝二种。"

纪晓岚帮着屠本畯数数：鳞介共二百五十七种，非"二百有奇"也。碰巧，予校读历代笔记过四百本，归类二百五十万原始文字，非"二百多万"也，差五十万呢！

《四库提要》又曰："其书颇与黄衷《海语》相近，而叙述较备，文亦简赅。惟其词过略，故征引不能博赡，舛漏亦所未免。如'鲨鱼'一条，《海语》谓鲨有二种，而此书列至十二种，固可称赅具。"赅，详尽。

纪晓岚闲得慌，又帮着数"鲨鱼"：十二种。予也数过，共十一种（锯鲨即胡鲨，参见本书《鲨鱼凶猛》）。纪晓岚数着数着，去忙大事了！予吃饱太闲，顺便核实《闽中海错疏》的

"十二种鲨鱼"，发现居然有五条是捡来的。（袭取《八闽通志》，有的原文搬抄。）

《八闽通志》："鲛鲨，鼻长似蛟，皮可饰剑靶，俗呼锦魟。"《闽中海错疏》："鲛鲨，似蛟而鼻长，皮可饰剑靶，俗呼锦魟。"

《八闽通志》："乌鳍鲨，颊尾皆黑。"《闽中海错疏》："乌鬐，颊尾皆黑。"鳍（qí），通"鬐"。

《八闽通志》："出入鲨，初生随母浮游，见大鱼乃从母口中入腹，须臾复出。"《闽中海错疏》："出入鲨，初生随母浮游，遇警从母口中入腹，须臾复出。"

《八闽通志》："帽鲨，腮两边有皮如戴帽然。"《闽中海错疏》："帽鲨，腮两边有皮如戴帽然。又名双髻鲨，头如木枴，又名双髻魟。"

《八闽通志》："胡鲨，青色，背上有沙。大者长丈余，小者长三五尺，鼻如锯。皮可剪为脍缕，曝其肉为脩，可充方物，俗呼锯鲨。"《闽中海错疏》："胡鲨，青色，背上有沙，大者长丈余，小者长三五尺，鼻如锯，皮可缕为脍，薧以为脩，可充物，亦名锯鲨。"

"亦名锯鲨"，屠氏画蛇添足，再搞出条锯鲨："上唇长三四尺，两傍有齿如锯。"本书《鲨鱼凶猛》，予考文详核，给以驳斥，锯鲨即胡鲨。

总共十一条"鲨鱼"，半其数袭取《八闽通志》，故：

屠氏曰"二百有奇"，不云"二百五"！

[注1] 杨武泉先生"校注前言"曰："《岭外代答》是周去非惟一传世的著作。自序称在广西时，'随事笔记，得四百余条'。又言，'秩满东归'途中，遗失笔记。（'晚得范石湖《桂海虞衡志》，又于药裹得所钞名数，因次序之，凡二百九十四条'。）周去非的这部书，具有多重史料价值，堪称不朽之作。""《代答》一书之缺点，最大者莫过于抄袭《桂海虞衡志》。《汉书》即曾袭取《史记》，古有其例，似不足责，但记非己出，究属下乘。""书无刻本，不仅易讹误，且传之难以久远。《宋史·艺文志》两处著录《桂海虞衡志》，却不著录《代答》，盖史臣未得见也，于此可见元末时传本之稀少。""赵汝适《诸蕃志》抄袭《代答》之文甚多，但包括赵氏自序在内，全书无一处提及《代答》书名及其作者。赵氏谅非出于攘善而故隐，极有可能所见为不善之抄本，书名及作者均未能定。"

[注2] ①刘恂《岭表录异》，《四库提要》："宋僧赞宁《筍谱》，称恂于唐昭宗朝出为广州司马。官满，上京扰攘，遂居南海，作《岭表录》。诸书所引，或称《岭表录》……或称《岭南录异》。核其文句，实皆此书。"新林案：唐昭宗朝（888—904），宋僧赞宁《笋谱·四之事》："刘恂，唐昭宗朝出为广州司马。官满上京，扰攘遂居南海，作《岭表录》。"②段公路《北户录》，《四库提要》："据书中称咸通十年，知为懿宗时人而已。"唐懿宗朝（859—873）。

[注3]《明史·列传第六十七》："黄仲昭，名潜，以字行，莆田人。仲昭性端谨，年十五六即有志正学。登成化二年进士，

改庶吉士，授编修。与章懋、庄昶同以直谏被杖，谪湘潭知县。在道，用谏官言，改南京大理评事。弘治改元，除江西提学金事，诲士以正学。学者称未轩先生。卒年七十四。"新林案：正学，儒学。登，考取。除，任。学者，学生。《明史·志第七十三·艺文二》"黄仲昭《八闽通志》八十七卷"归入《史类十·九地理类》。

［注4］新林案：书目文献出版社1988年出版《〔弘治〕八闽通志》，第334页缺字。台湾学生书局1987年出版的《弘治八闽通志》，以傅斯年图书馆馆藏弘治四年（1491）刊刻本，缺卷以美国普林斯顿大学所藏本补。第1301页，文字清晰，予以此校勘。

［注5］屠本畯《闽中海错疏》自跋："鹾丞本畯将入闽，分陕使者曰：'状海错来，吾征闽越而通之。'丞入闽，疏鳞介二百有奇以复，且训客问。分陕使者，今太常卿余公君房也。丙申岁，嵩溪三层阁上题。"鹾（cuó）丞，盐务官。余寅，字君房，鄞县（今宁波）人，与本畯同里，为前辈。

东京梦华

《东京梦华录》记载了北宋都城东京饮食业的造极！"在京正店七十二户，此外不能遍数，其余皆谓之脚店。"（"酒楼"条。案："民俗"条载"燕馆歌楼，举之万数"。）

正店大到什么程度？"会仙楼正店，常有百十分厅馆动使，各各足备，不尚少阙一件"（"会仙酒楼"条），上百个厅馆同时运作，锅碗瓢盆，皆"动使"也［注1］。

正店豪到什么程度？"唯任店入其门，一直主廊约百余步，南北天井两廊皆小阁子，向晚灯烛荧煌，上下相照。浓妆妓女数百，聚于主廊槏面上，以待酒客呼唤，望之宛若神仙。"（"酒楼"条，下同。）任店，七十二户正店之一。

正店造极到什么程度？"白矾楼，后改为丰乐楼。宣和间，更修三层相高，五楼相向，各有飞桥栏槛，明暗相通。珠帘绣额，灯烛晃耀。初开数日，每先到者赏金旗，过一两夜则已。"白矾楼，又名矾楼、樊楼，东京第一楼。宣和（1119—1125），宋徽宗年号。

"先到者赏金旗"，通宵排队？怎么可能！矾楼燕集者非富即贵，周密《齐东野语》曾记载北宋大豪沈君与一掷千金的轶事："一日，携（蔡奴）上樊楼，楼乃京师酒肆之甲，饮徒常千余人。沈遍语在坐，皆令极量尽欢，至夜，尽为还所直而去。"

为千余人买单，果然豪到极致。正是：携第一名妓，享第一艳福，上第一名楼，置第一盛宴！

东京第一名妓，并非李师师，而是蔡奴，陆游《老学庵笔记》也曾提及，此处不表。话归正传，东京除正店外，"其余皆谓之脚店"，伊永文《东京梦华录笺注》"酒楼"条，注〔九〕脚店："〔文案〕《宋会要·食货》二〇之七记仁宗时樊楼每年卖官曲五万斤造酒，朝廷下诏三司募人承包，'出办课利，令在京脚店酒户内拨定三千户'，每日到樊楼取酒沽卖。于此可知脚店乃为小零卖酒店俗称。"[注2] 樊楼的规模于此可见一斑。

"脚店乃为小零卖酒店"，予甚不认同！脚店是除"正店"之外的所有食店，大约有六种，后有记述。脚，歇脚之意。

《东京梦华录》"民俗"条："其正酒店户，见脚店三两次打酒，便敢借与三五百两银器。以至贫下人家，就店呼酒，亦用银器供送。有连夜饮者，次日取之。诸妓馆只就店呼酒而已，银器供送，亦复如是。其阔略大量，天下无之也。"

"三五百两银器"之两，是银两的"两"？还是斤两的"两"？孟元老没有交代。斤两的"两"，两宋十六两制，即 1 斤 = 16 两。以"三百两"计，重约 20 斤；以"五百两"计，重过 30 斤。

借30斤重的银器，似乎太重了！

予手上的《东京梦华录》，分别是邓之诚《东京梦华录注》本、姜汉椿《东京梦华录全译》本、伊永文《东京梦华录笺注》本、中州古籍出版社注译本（依出版顺序），下简称邓本、全译本、伊本、注译本。邓本、伊本此处无注；全译本〔今译〕"就敢借给他价值三五百两的银器"；注译本〔译文〕"就敢于非常放心地把价值三五百两银子的银质盛酒器皿借给他"。

"三五百两银子"在宋朝可是一大笔巨款啊！此乃后话。

前文有记"会仙酒楼"之大，其奢亦侈，"不问何人，止两人对坐饮酒，亦须用注碗一副，盘盏两副，菓菜楪各五片，水菜碗三五只，即银近百两矣"，邓本、伊本此处无注；全译本〔今译〕"所费就要银子近一百两了"；注译本〔译文〕"这样就得花费将近百两纹银了"。

"银近百两""三五百两银器"到底如何解释？为何邓本、伊本无注？

彭信威《中国货币史》"两宋的货币，是中国钱币史上最复杂的"，程民生《宋代物价研究》"衡量物价的宋代货币之复杂，为中国历史之最"。宋朝的文化造极，货币之复杂也造极！

我这人一根筋，作为一个1980年代的理科生，加上近十年嗜古如痴，找来各种书籍（主要是《宋史》《宋会要》《文献通考》，并及他书旁佐参考），研究了半个月，对两宋货币大致有了概念。

宋朝钱币（铜钱，老上海曰"铜钿银子"）的计量单位：贯、缗、千、钱、文及银两，基本折算：1 贯 = 1 缗（音 mín，《汉书注》"丝也，以贯钱也"）= 1 千（千钱）= 1 000 钱（铜钱）= 1 000 文，1 两银子 ≈ 1 贯。

且看《东京梦华录》里，贯、缗、千、钱、文及银两，都出现在何处！

"千"是个非常特殊的计量单位，放在最后。

① 银：有两处，见前文。

② 贯（案：仅一条且兼有"文"）：卷三"般载杂卖"条："梢桶如长水桶，面安靥口，每梢三斗许，一贯五百文。"梢桶，酒桶。"一贯五百文"，邓本、伊本此处无注；全译本〔注释〕"一贯五百文：指一梢桶酒要一贯五百文。贯，一千钱为一贯。"〔今译〕"一贯五百文一梢桶"；注译本〔译文〕"每个梢桶可装三斗左右的酒，值一贯五百文钱"。

③ 缗：无。

④ 钱：卷二"饮食果子"条："其余小酒店，亦卖下酒如煎鱼、鸭子、炒鸡兔、煎燠肉、梅汁血羹、粉羹之类。每分不过十五钱。"邓本此处无注；全译本〔今译〕"每份不过十五个铜钱"；伊本"饮食果子"有 119 条注释（仅 772 字），此处无注及〔文案〕；注译本〔译文〕"每份不过十五钱"。

⑤ 文：卷二"州桥夜市"条："自州桥南去，当街水饭、燻肉、干脯。王楼前獾儿、野狐肉、脯鸡。梅家鹿家鹅鸭鸡

兔、肚肺、鳝鱼、包子、鸡皮、腰肾、鸡碎，每个不过十五文。"邓本此处无注；全译本〔今译〕"每份不过十五文"；伊本"州桥夜市"有44条注释（仅240字），此处无注及〔文案〕；注译本〔译文〕"每个不过十五文"。

⑥ 千：卷一"大内"条："其岁时果瓜蔬茹新上，市并茄瓠之类新出，每对可直三五十千，诸阁分争以贵价取之。"（案：伊本、注译本句读误）"三五十千"，邓本、伊本此处无注；全译本〔今译〕"三五十千钱"；注译本〔译文〕"三五十千钱"。

此条邓本注〔一九〕诸阁分："邵博《邵氏闻见后录》：仁皇帝内宴，十阁分各进馔。有新蟹一品，二十八枚。帝曰：'吾尚未尝，枚直几钱？'左右对：'直一千。'帝不悦，曰：'数戒汝辈无侈靡，一下箸为钱二十八千，吾不忍也。'置不食。"[注3]

邓注歪打正着，把"千"一并注了，"一下箸为钱二十八千"，筷子一夹，二十八千钱〔1贯=1千（千钱）〕没了。一顿饭吃掉二十八贯，宋仁宗觉得太贵了！子孙不孝，以"三五十千"分争茄瓠两根。

嘉祐二年（1057），仁宗颁布《禄令》，"至嘉祐，始著于《禄令》，自宰相而下至岳渎庙主簿，凡四十一等"（宋末元初马端临《文献通考》）。"宰相，月三百千"，宰相月薪三百贯。岳渎庙主簿"七千"，七贯。

孟元老自序，其于宋徽宗崇宁癸未"到京师"，至北宋灭亡那年（"靖康丙午（1126）之明年，出京南来，避地江左"），在东京居住了二十四年。

故孟元老所记"会仙酒楼"两人消费"银近百两"，当在1103—1127年间，这就牵扯出一个人：高俅！政和七年（1117），"以殿前都指挥使高俅为太尉"（《宋史·徽宗本纪》）。

政和二年，"以太尉本秦主兵官，定为武阶之首"（《文献通考》）。政和六年（1116），定武官官阶，"自太尉至下班祗应，凡五十三阶"。最高级：太尉，月薪一百贯[注4]。最低级：下班祗应（殿侍），七百文，一贯不到。

同一年，北宋廖刚《投省论和买银札子》载，时京师银价"每两不过一千六七百市陌"，陌，两宋钱币折算法，简称"陌制"[注5]。以孟元老"金银七十四"折算，则 1 两银子＝1 700 文×0.74≈1 250 文＝1.25 贯。

彭信威《中国货币史》："实际上白银在宋朝并不是十足的货币。"在"白银的购买力"一节，曰："民间的日常交易，不用白银，所以不能说是十足的货币。"并列出一张"宋代银价表"，其中"崇宁三年（1104），每两价格为一千二百五十，官价（见《宋会要稿·食货卷》四十三之八十）。"[注6] 数字和时间与前计吻合！

"会仙酒楼"两人消费"银近百两"，银百两＝125 贯。高太尉月薪一百贯，都不够买这个单。把高太尉惹毛了，派人砸场子的可能都有！

前记北宋大豪沈君与在白礬楼为千人（"饮徒常千余人"）买单，125贯/2×1 000＝62 500贯，六万二千五百贯。这个单实在太大了！政和六年（1116），宋徽宗诏"支降御前钱二万贯，于京师起第一区"（《宋会要辑稿·方域》四之二十三），赐予宠臣、开封尹盛章。造房论"区"，可见其大、其豪！

话说《水浒传》的好汉们大碗喝酒、大口吃肉，还大把撒银子。要么碎银三五两，要么银锭十两，桌上一丢，"给酒家打上好酒好肉来"。那个气势，潇洒磅礴！可问题是：在真实的北宋，店家要么当你神经病，要么告你寻衅滋事。

《宋刑统·杂律·私铸钱》："诸私铸钱者，流三千里。作具已备未铸者，徒二年。作具未备者，杖一百。若磨错成钱令薄小，取铜以求利者，徒一年。【议曰】……若私铸金银等钱不通时用者，不坐。"［注7］坐，有罪则坐。

银子在北宋，除了大宗国家贸易和私人宝藏价值，根本不具有流通性（"不通时用"）！故，加藤繁《唐宋时代金银之研究》、彭信威《中国货币史》、汪圣铎《两宋货币史》、高聪明《宋代货币与货币流通研究》、程民生《宋代物价研究》在两宋金银的引例中，无一提及《东京梦华录》的"银近百两"。

从常理推断，"银近百两""三五百两银器"，或为孟元老道听。（案：其亲历的脚店，所记详尽，而《会仙酒楼》有价格无菜名。）孟元老所记脚店，大约有六种：①以别正店含名"酒店"的小酒店。②以地域得名，如川饭店、南食店。③以店主得名，如郑家油饼店、曹婆婆肉饼。④夜市排档（固定摊点）。⑤以店称得名，如分茶酒店、茶饭店。⑥以馔食得名，如羊饭店、包子酒店、瓠羹店等。

① 小酒店。"其余小酒店，亦卖下酒如煎鱼、鸭子、炒鸡兔、煎燠肉、梅汁血羹、粉羹之类。每分不过十五钱"（卷二"饮食果子"条）。下酒，下酒菜，一份十五钱。（羹可下酒，见下⑥并参见本书《羹浓臛稠》。）前述"会仙酒楼"一人消费62 500钱，在小酒店可吃得4 167份鸡兔鱼肉。

② 川饭店、南食店。"更有川饭店，则有插肉面、大燠面、大小抹肉淘、煎燠肉、杂煎事件、生熟烧饭。更有南食店，鱼兜子、桐皮熟脍面、煎鱼饭"（卷四"食店"条）。

③ 郑家油饼店。"自土市子南去，铁屑楼酒店，皇建院街、得胜桥郑家油饼店，动二十余炉"（卷二"潘楼东街巷"条）。

④ 夜市排档。"自州桥南去，当街水饭、爊肉、干脯。王楼前獾儿、野狐肉、脯鸡。梅家鹿家鹅鸭鸡兔、肚肺、鳝鱼、包子、鸡皮、腰肾、鸡碎，每个不过十五文"（卷二"州桥夜市"条）。"王楼前獾儿"，指王楼前摆摊卖獾儿。东京的正店到点关门，门前空地允许摆摊（参见拙文《四时点心》，收入《古人的餐桌·第二席》）。

⑤ 一、分茶酒店。"大凡食店，大者谓之'分茶'，则有头

羹、石髓羹、白肉、胡饼、软羊、大小骨、角炙犒腰子、石肚羹、入炉羊、罨生软羊面、桐皮面、姜泼刀、回刀、冷淘、棊子、寄炉面饭之类"（卷四"食店"条）。姜泼刀、回刀、冷淘、棊子（棋子），均是面（参见拙文《面条丝缕》，收入《古人的餐桌》）。

吴自牧《梦粱录》"分茶酒店"条，"食次名件甚多"，多到什么地步？三百多件！菜名略。

二、茶饭店。"所谓茶饭者，乃百味羹、头羹、新法鹌子羹、三脆羹、二色腰子、虾蕈鸡蕈浑砲等羹、旋索粉玉碁子、群仙羹、假河鲀、白渫齑、货鳜鱼、假元鱼、决明兜子、决明汤齑、肉醋托胎衬肠、沙鱼两熟、紫苏鱼、假蛤蜊、白肉、夹面子、茸割肉、胡饼、汤骨头、乳炊羊、炖羊、闹厅羊、角炙腰子、鹅鸭排蒸、荔枝腰子、还元腰子、烧臆子、入炉细项莲花鸭签、酒炙肚胘、虚汁垂丝羊头、入炉羊、羊头签、鹅鸭签、鸡签、盘兔、炒兔、葱泼兔、假野狐、金丝肚羹、石肚羹、假炙獐、煎鹌子、生炒肺、炒蛤蜊、炒蟹、渫蟹、洗手蟹之类，逐时旋行索唤，不许一味有阙"（卷二"饮食果子"条）。碁，同前"棊"，棋子。

这些菜名，哪里是茶饭？分明是下酒（菜），耐得翁《都城纪胜》："有茶饭店，谓兼卖食次下酒是也。"

⑥ 瓠羹店。"又有瓠羹店"，规模不小，富丽堂皇，"门前以枋木及花样杈结缚如山棚，上挂成边猪羊，相间三二十边。

近里门面窗户，皆朱绿装饰，谓之驩门。每店各有厅院东西廊，称呼坐次"（卷四"食店"条）。

菜肴繁多，各有特色，"客坐，则一人执箸纸，遍问坐客。都人侈纵，百端呼索，或热或冷，或温或整，或绝冷、精浇、臕浇之类，人人索唤不同"，跑堂念唱报菜厨房（局），"行菜得之，近局次立，从头唱念，报与局内。当局者谓之铛头，又曰着案"，行菜，指跑堂的；当局者，指掌勺的。

跑堂更兼一手绝活，"须臾，行菜者左手杈三碗，右臂自手至肩，驮叠约二十碗，散下尽合各人呼索，不容差错"，自手至肩，驮叠二十碗，若耍杂技！

孟元老犹历历在目，"吾辈入店，则用一等琉璃浅棱椀，谓之碧椀，亦谓之造羹。菜蔬精细，谓之造韲，每碗十文。面与肉相停，谓之合羹。又有单羹，乃半箇也。旧只用匙，今皆用箸矣"。相停，相当。箇，同"个"。箸，同"箸"，筷子。

这种面和肉相当的精细羹肴，浓而不腻，可匙可箸，可饭可酒，每碗十文。前述"会仙酒楼"一人消费 62 500 钱，在瓠羹店可吃得 6 250 碗"造韲（jī）"。

这样的"造韲"，人人皆可食！

这样的"造韲"，才是曾经的东京梦华！

[注1]《梦梁录》"诸色杂货"条："家生动事如桌、凳、凉床、交椅、兀子、长眺、绳床、竹椅、柎笄、裙厨、衣架、棋盘、

面桶、项桶、脚桶、浴桶、大小提桶、马子、桶架、木杓、研槌、食托、青白瓷器、瓯、碗、碟、茶盏、菜盆、油杆杖、楬辘、鞋楦、棒槌、烘盘、鸡笼、虫蚁笼、竹笊篱、蒸笼、畚箕、甋箪、红帘、斑竹帘、酒络、酒笼、笸箕、瓷瓮、炒锛、砂盆、水缸、乌盆、三脚罐、枕头、豆袋、竹夫人、懒架、凉簟、蕙荐、蒲合、席子。"动事，即"动使"。

[注2]新林案：伊永文所记有误。《宋会要辑稿·食货》二〇之⑤［真宗天禧三年（1019）］八月，三司言"白矾楼自来日输钱二千，岁市官曲五万"；之⑦［仁宗天圣五年（1027）］八月，诏三司"白矾楼酒店如有情愿买扑，出办课利，令于在京脚店、酒户内拨定三千户，每日于本店取酒沽卖"。买扑，宋时的包税制度。

[注3]邓先注后案："案宋代后妃皇子女所居皆曰阁。言十者举大数也。陈师道《后山丛谈》亦记此事，'以为蛤蜽'，盖一事两传，故不录。"新林案：邓案《后山丛谈》误，实乃《后山谈丛》。北宋京师在开封，离海颇远，蛤蜽乃珍馐，拙文《一潮一晕》（收入《古人的餐桌》）曾言此事。

[注4]新林案：一百贯是基本工资，宋朝官员的福利更是好到离谱：绫罗绸缎，柴米油盐，一应俱全。《宋史·职官（奉禄制）》涵盖"奉禄、匹帛、职钱、禄粟、傔人衣粮、厨料、薪炭诸物"，傔人，随身侍从。"奉禄"是基本工资的名称，别名奉钱、奉给、奉料、料钱。太尉除基本工资外，"春服罗一匹，小绫及绢各十匹，冬服小绫一十匹，绢二十匹，绵五十两"，"禄粟一百石，随身五十人"（《文献通考》）。

［注5］欧阳修《归田录》："用钱之法，自五代以来，以七十七为百，谓之'省陌'。"程民生《宋代物价研究》："官方通用的是省陌，又称官陌（即1贯=770文），此外又有足陌（即1贯为1000文）、市陌（因地区而异，因行业而异）。如孟元老所说：'都市钱陌，官用七十七……行市各有长短使用。'"新林案：孟元老《东京梦华录》："都市钱陌，官用七十七，街市通用七十五，鱼肉菜七十二陌，金银七十四，珠珍、雇婵妮、买虫蚁六十八，文字五十六陌，行市各有长短使用。"

［注6］新林案：彭先生误"职官"为"食货"，《宋会要辑稿·职官》四三之八十："银六两，每两止折一贯二百五十文。"

［注7］高聪明《宋代货币与货币流通研究》："最能说明当时金银钱性质的是在法律上金银钱是不被当作货币的。《唐律疏议》规定：'诸私铸钱者，流三千里；作具已备未铸者，徒二年；作具未备者，杖一百。疏议曰：……若私铸造金银等钱不通时用者，不坐。'《宋刑统》完全沿用了《唐律疏议》的这一规定。"新林案：高先生曰"这一法律规定告诉我们两点"，一、唐宋时代，在法律上和人们的观念中，金银钱不被作为通货看待。二、当时铸造金银钱乃平常事（宫廷、民间皆铸），为避免对律文的误解，故特加说明（否则无此必要）。

不食去食

子曰:"不得其酱,不食。"子曰的每个字都讲究!清刘宝楠《论语正义》用了280字来解释此句。古文有时候难以理解,因其倒装和句式,反转其句即可立解其意!

"不得其酱,不食" = "得其酱,食",吃什么配什么酱。打个比方,予食大闸蟹,蘸料必配镇江香醋(具"国家地理标志")、姜末、白糖;食梭子蟹,必配上海产的纯粮米醋(非"陈酿米醋")、姜末、白糖。要是只有红糖、白醋,拉倒!这蟹我不吃了。

吃的东西多着呢!都要得其酱,有那么多酱吗?有,《周礼·膳夫》:"凡王之馈,酱用百有二十瓮。"王之馈,馈献天子也(案:倒装)。一百二十瓮酱,一百二十种滋味。

先秦时期(夏商周),食物以蒸煮为主,要蘸配不同的酱,以增其味,故孔子"不得其酱不食"。当时既无豆酱,亦无酱油,那一百二十瓮是什么酱?《说文》:"酱,醢也。"醢(hǎi),《说文》:"肉酱也。"一百二十瓮肉酱,不要腻死天子啊!

这个酱,《说文》说了不算,郑玄注:"酱谓醯醢也。"醯(xī),醋。贾公彦疏(疏解):"云'酱谓醯醢也'者,酱是总名。"酱是总名,道出酱繁多灿烂!

郑注又曰："王举，则醢人共醢六十瓮，以五齑、七醢、七菹、三臡实之；醯人共齑菹醯物六十瓮。"[注1] 举，杀牲盛馔也。共，供也。

醢人供献六十瓮，醯人供献六十瓮，刚好一百二十瓮。古文涉经，遣词造句，每个字都讲究。醢人供献的是"醢"[涵盖五齑（jī）、七醢（hǎi）、七菹（zū）、三臡（ní）]，醯人供献的是"醯物"（仅限齑、菹）。

醢人，贾公彦疏："醢人惟主作醢，但成齑菹必须醯物乃成，故醢人兼言齑菹。"贾疏的文字不长，但解释起来繁复难懂！

予试以白文简述：醢人，主要职责制醢（"惟主作醢"），兼职用醋调和制作齑、菹（"兼言齑菹"）。五齑、七菹，按理属于醢人的职责，但制作齑菹必须用醋调和（"成齑菹必须醯物乃成"）。

菹又作葅，齑又作齏，都是酸菜，前者是"整腌"菜或肉，后者是"碎腌"菜或肉（参见 [注1]）。醢，肉酱；臡，带骨肉酱。

齑、菹、醢、臡，构成了丰富多彩的酱的世界！

郑玄梳理后归纳："五齑，昌本、脾析、蜃、豚拍、深蒲也。七醢，醓、蠃、蠯、蚳、鱼、兔、雁醢。七菹，韭、菁、茆、葵、芹、箈、笋菹。三臡，麋、鹿、麇臡也。"[注2]

昌本，菖蒲根；脾析，牛百叶；蜃，大蛤；豚拍，猪肋；

深蒲，香蒲苗；醢，肉汁；蠃，螺；鱧，蛤蚌；蚳，蚁卵；菁，蔓菁；茆，荇菜；葵，秋葵；芹，水芹；箈，小竹笋；麇，獐。

刘宝楠正义（正名其义）的280字，约200引自清汪绂《四书诠义》，"酱者，醢醢盐梅之总名"，"肴与醢并设，食则以其物濡醢而食之"[注3]，刘氏引汪文后曰："汪说甚备。"甚备，齐全也。

汪说不甚备！其引朱熹注"食肉用酱，各有所宜。不得则不食，恶其不备也"（《论语集注》，并参见［注3］），只用后半句，弃文不释，注经者讳。

偏巧，刘宝楠《论语正义》又弃汪氏自注"如食鱼脍则以鱼脍蘸芥酱而食，食韭菹则以韭菹蘸醢醢而食也"［醢（tǎn），郑注：肉汁也］，或嫌其文字拖沓。平心而论，这句古文是够长的，予试以改之，"如鱼脍则蘸芥酱而食，韭菹则蘸醢醢而食也"，这不，26字省下8个呢！

写作此文，必然涉及《论语》及注疏。提笔开言，"子曰"既出，感慨万千，差点落泪！何至于此？那要从十三年前说起。

十三年前即公元2008年，予始为文，一年后因眼疾通背《论语》（费时八个月），越一年（2010年。其间，背诵唐诗宋词，遍读《古文观止》，熟研《史记》《左传》《诗经》），凭着一股初生牛犊不怕虎、勇往直前不惧死的傻劲，居然抡起键盘，仅用半年时间，释解了整部《论语》（近30万字）。

初稿经兄弟翁永强二个月仔细校看（翁兄医学博士，业余喜涉经史，自言读博没此认真）并提出宝贵建议，予心始定。终稿落到吾兄陈亦骅手上，他因此送我一份最珍贵的厚礼！2011年9月《论语之旅——从孔子的吃喝玩乐说起》在香港地区出版发行。

内地版几经周折，机缘巧合，最后得入高克勤（时任上海远东出版社社长，2013年1月调任上海古籍出版社社长）法眼，高先生调任前玉成此事，2013年4月《论语之旅》在内地出版发行。

当其时也，予不知世有《十三经》，更别说何晏《论语集解》、皇侃《论语义疏》、邢昺《论语注疏》、朱熹《论语集注》、刘宝楠《论语正义》。仅凭钱穆《论语新解》、杨伯峻《论语译注》、李零《我读〈论语〉》，并《史记》《左传》《诗经》（案：欲通《论语》，必涉三著）及我自己的理解，写下此书。这恐怕是史无前例的《论语》解读本。

予的胆子实在够大！古籍社长的胆子也是够大！书居然都能卖出去！

当年我把酱释为佐料，还真给蒙对了。汪氏"酱者，醯醢盐梅之总名"，此说误也，酱以盐出，岂可把盐打包入酱！

清孙诒让《周礼正义》："江永云：酱者，醯醢之总名。"

孙诒让引江永250多字后曰："江说甚覈。"覈（hé），详实严谨。只提江永姓名而不及其书，孙说不覈！

江永（1681—1762）《乡党图考》费字一千作《酱考》，以"三礼"（《周礼》《礼记》《仪礼》）经注辅佐考"三礼"之酱，文颢理畅，若非予这半月沉浸在"三礼"的酱香中，还真是看不懂！

《酱考》的结尾不漂亮！［注4］圣人不得其酱，"皆子妇之过"，一个大男人，拉偏架太过，孔子的家事，关你什么事？"己所不欲，勿施于人"，夫子之道不得焉。

同为徽州婺源人的汪绂（1692—1759），自注"如食鱼脍则以鱼脍蘸芥酱而食，食韭菹则以韭菹蘸醯醢而食也"，虽过啰嗦，但道出酱料根本："肴与醢并设，食则以其物濡醢而食之。"濡，有蘸润之意。

大白话：蘸了酱吃！

吃过涮羊肉吗？在火锅里来回三涮，蘸上酱料，张大了嘴，"濡醢而食之"，满足而惬意！汪绂自注所举二例，前为《礼记·内则》"鱼脍芥酱"，后为《周礼·醢人》"韭菹醢醢"。

汪绂注曰："古人设食，皆以醢与肴相间，如《内则》'牛炙、醢，牛胾、醢，牛脍、羊炙、羊胾、醢，豕炙、醢，豕胾、芥酱、鱼脍，雉、兔、鹑、鷃'一节。"（参见［注3］）

汪绂所谓一节，出自《礼记·内则》："膳：膷、臐、膮、醢、牛炙、醢、牛胾、醢、牛脍、羊炙、羊胾、醢、豕炙、醢、豕胾、芥酱、鱼脍、雉、兔、鹑、鷃。"郑玄注："此上大夫之礼，庶羞二十豆也。以《公食大夫礼》馔校之，则膮、牛炙间不得有'醓'。'醓'，衍字也。又以'鷃'为'鴽'也。"

从"膷"数至"鷃"〔第四字"醓"为衍字（多出来的字）〕，为二十豆（豆，古食器也）。《公食大夫礼》出自《仪礼》，郑玄"三礼"皆注。老人家思路敏捷，不时切换频道，在"三礼"间来回穿跃。若不足躩如也趋进翼如，定然晕头转向不知其所云。

"公食大夫礼"，何为"公"何为"大夫"？好在十年前写过《论语之旅》，予这样诠释封建制："周朝相当于联邦制，周天子（简称天子）最大，拥有的是天下，把天下分给诸侯（简称国君），诸侯拥有的是'国'，诸侯把国再分给大夫（简称大夫），大夫拥有的是'家'（不是现代概念的家，相当于一个国中之国）。'国家'是这么来的，'封建'也是这么来的。"

《论语之旅》并释："诸侯都称公，国君被天子封的爵位还不一样，从大到小依次为：公、侯、伯、子、男。"《论语之旅》对"上大夫"也有解释："季氏是鲁卿。（《礼记·王制》注：'上大夫曰卿。'）"

十年后回过头来看，还真挑不出大毛病！

"公食大夫礼"，诸侯请宴大夫的礼制。"上大夫之礼，庶羞二十豆"，豆，古食器也。《公食大夫礼》："上大夫庶羞二十，加于下大夫以雉、兔、鹑、鴽。"加于，多于。

上大夫庶羞二十豆，下大夫则为十六豆（少了"雉、兔、鹑、鴽"）。

庶羞，晚明大儒郝敬注曰："庶羞即下臑臐等十六品。肴美曰羞，品多曰庶。"（《仪礼节解·公食大夫礼》）"下（下大夫）臑臐等十六品"，即《公食大夫礼》下大夫十六豆："臑以东，臐、膮、牛炙；炙南醢，以西牛胾、醢、牛鮨；鮨南羊炙，以东羊胾、醢、豕炙；炙南醢，以西豕胾、芥酱、鱼脍。"

臑、臐、膮（xiāo），郑注："今时臛也。牛曰臑，羊曰臐，豕曰膮，皆香美之名也。"臛（huò），肉羹（参见本书《羹浓臛稠》）。胾（zì），大块肉。鮨（qí），脍也，郑注："《内则》谓鮨为脍。"

牛肉羹以东是羊肉羹、猪肉羹、烤牛肉；烤牛肉之南是肉酱，以西是大块的牛肉、肉酱、牛脍；牛脍之南是烤羊肉，以东是大块羊肉、肉酱、烤猪肉；烤猪肉之南是肉酱，以西是大块猪肉、芥子酱、鱼脍。

上面一段抄写（贵州人民出版社《仪礼全译》），感觉自己回到了二十年前上海的巴西烧烤店，敞开了肚子，吃撑到扶墙！

古人哪有这么潇洒！吃撑到扶墙。一顿饭作揖打恭的次数，要远多于埋头奋食，《公食大夫礼》："宾三饭以湆酱。"湆（qì），羹汁。三饭，三次举饭而食。每次饮歠羹汁（湆）、擩酱肴食（酱）。郑注："每饭歠湆，以肴擩酱，食正馔也。三饭而止，君子食不求饱。"以肴擩酱，蘸了酱吃。

君子食不求饱！求饱非君子，吃撑到扶墙，城中村夫也！

"公食大夫"，诸侯请宴大夫，大夫面北而坐（"宾辞，北面坐"），十六豆"屈折而陈，凡为四行：臅东臐，臐东臕，臕东牛炙；炙南醢，醢西牛胾，胾西醢，醢西牛脍；脍南羊炙，炙东羊胾，胾东醢，醢东豕炙；炙南醢，醢西豕胾，胾西芥酱，酱西鱼脍。此皆是公食"（《礼记正义》孔颖达疏）。

十六豆的摆放位置，在东在南在西，"屈折而陈"，四（行）四（列）十六，兜一圈陈放。在筵席开宴前，《公食大夫礼》："宰夫设筵，加席几。"宰夫，郑注："掌宾客之献饮食者也。"宰夫是掌管国君膳献宾客的官吏。

几，古人坐累时倚靠身体的小桌，《说文解字注》："踞几也（古人坐而凭几）。"筵席，郑注《周礼》"司几筵"云："铺陈曰筵，藉之曰席。"拙著《论语之旅》如此释之："我们所熟知的筵席一词，由'筵'和'席'构成。古人将铺在下面的大席子称为'筵'，将每人一座的小席子称为'席'，合起来就叫筵席。"（案：此为原文。）

十年前文有瑕疵，筵席可一人一设，看醢则一人一设。古人的分食制做得非常好！一筵一席，一席一几，一觞一咏！"此地有崇山峻岭，茂林修竹；又有清流激湍，映带左右，引以为流觞曲水。列坐其次，虽无丝竹管弦之盛，一觞一咏，亦足以畅叙幽情。"

王羲之作文于大自然，曲觞流水，咏叹其情："每览昔人兴感之由，若合一契，未尝不临文嗟悼，不能喻之于怀。固知一死生为虚诞，齐彭殇为妄作。后之视今，亦犹今之视昔。

悲夫。"

王羲之喝高了咏出千古之文，泼下不朽之墨！

右军魏晋之风，洒脱于生，悲夫于死！书圣终究非圣，圣人于口舌，不得其酱"不食"；圣人于生死，朝闻道夕死可矣，子曰："去食！"拙著《论语之旅》以"食"开始《论语》之旅，最终以"去食"结束《论语》的伟大旅行 [注5]：

"去食。自古皆有死，民无信不立！"

[注1]《周礼·醢人》："王举，则共醢六十瓮，以五齑、七醢、七菹、三臡实之。"齑、菹，郑注："凡醢酱所和，细切为齑，全物若䐑为菹。《少仪》（《礼记》）曰'麋鹿为菹，野豕为轩，皆䐑而不切。麇为辟鸡，兔为宛脾，皆䐑而切之'，由此言之，则齑菹之称，菜肉通。"新林案：䐑，薄切肉也。鹿豕"䐑而不切"，意切薄肉而不再细切（"全物若䐑为菹"）；麇兔"䐑而切之"，意切薄肉后再细切之（"细切为齑"）。故齑与菹，可菜可肉。《周礼·醢人》："醢人掌共五齑七菹，凡醢物。""王举，则共齑菹醢物六十瓮。"

[注2]《周礼·醢人》："醢人掌四豆之实。朝事之豆，其实韭菹、醓醢、昌本、麋臡、菁菹、鹿臡、茆菹、麇臡。馈食之豆，其实葵菹、蠃醢、脾析、蠯醢、蜃、蚳醢、豚拍、鱼醢。加豆之实，芹菹、兔醢、深蒲、醓醢、箈菹、雁醢、笋菹、鱼醢。"新林案："豆"，古食器也，形如高足盘。"朝事"，郑注："谓祭宗庙荐血腥之事。"荐（进）血腥（牲血牲生），即荐腥。"馈食"，郑注："荐孰也。"荐孰，荐熟牲。郑玄并以此条目归

纳"五斋、七醢、七菹、三臡"。

[注3]清汪绂《四书诠义》："酱者，醯醢盐梅之总名。古人设食，皆以醢与肴相间而设，如《内则》所陈'牛炙、醢，牛胾、醢，牛脍、羊炙、羊胾醢，豕炙、醢，豕胾，芥酱、鱼脍，雉、兔、鹑、鷃'一节……此皆必以气味相宜，或性相制，故相配而设，皆所谓'得其酱'也。肴与醢并设，食则以其物濡醢而食之（如食鱼脍则以鱼脍蘸芥酱而食，食韭菹则以韭菹蘸醢醢而食也），故注言'不得则不食，恶其不备'。"新林案：汪文"殽"字，予皆改为"肴"，以免混淆视听，《礼记·曲礼》"左殽右胾"，郑注："殽，骨体也。"肉带骨曰殽。

[注4]《酱考》结尾："不得其酱，当是配食之酱。若烹物时已入酱或有非其酱亦难辨，圣人当不苛求至此，即配食之酱亦不必尽如《内则》，如当用醢而设醢，当用醢而设醢，亦是不得其酱。不得或是家中偶乏，或进食时忘设，皆子妇之过。圣人以不食者教之，家人自知之后，皆当藏之以待乏食时，亦不至忘设矣！"

[注5]新林案：《论语》共20篇512章15 920字。《论语之旅》001. 乡党篇·第八章【原文】"食不厌精，脍不厌细……不得其酱，不食……不撤姜食，不多食。"《不撤姜食》，本书有文。《论语之旅》512. 颜渊篇·第七章【原文】"子贡问政。子曰：'足食，足兵，民信之矣。'子贡曰：'必不得已而去，于斯三者何先？'曰：'去兵。'子贡曰：'必不得已而去，于斯二者何先？'曰：'去食。自古皆有死，民无信不立！'"【解译】略。新林【释】："'足食，足兵，民信'，一个国家则可长治久安。

对于一个国家来说，'民信'是首要的，即使'足食，足兵'，又如何呢？'民无信不立！'对于一个人来说，'足食'又如何呢？'自古皆有死！'在历史的漫漫长河中，从此漂逝！抑或是：流芳百世！"（案：【释】为拙著《论语之旅》原文。）魏何晏《论语集解》："【孔安国曰】死者古今常道，人皆有之。治邦不可失信也！"

图书在版编目(CIP)数据

古人的餐桌·第三席,曲终人不散/芮新林著. —上海:上海文化出版社,2023.7
ISBN 978-7-5535-2739-0

Ⅰ.①古… Ⅱ.①芮… Ⅲ.①饮食-文化-中国-古代 Ⅳ.①TS971.2

中国国家版本馆 CIP 数据核字(2023)第 078174 号

出 版 人：姜逸青
责任编辑：黄慧鸣
装帧设计：王 伟

书 名：古人的餐桌·第三席——曲终人不散
作 者：芮新林
出 版：上海世纪出版集团 上海文化出版社
地 址：上海市闵行区号景路 159 弄 A 座 3 楼 201101
发 行：上海文艺出版社发行中心
 上海市闵行区号景路 159 弄 A 座 2 楼 201101 www.ewen.co
印 刷：苏州市越洋印刷有限公司
开 本：787×1092 1/32
插 页：1
印 张：6.75
印 次：2023 年 7 月第一版 2023 年 7 月第一次印刷
书 号：ISBN 978-7-5535-2739-0/TS·086
定 价：48.00 元
告 读 者：如发现本书有质量问题,请与印刷厂质量科联系
 T:0512-68180628